놀라운 수학나라 대탐험

KYOWOOSA 教友社

차례

키노 이치로 자이

여러분은 수학이 재미있나요?

쉬는 시간을 알리는 종이 울렸습니다. 사방에서 아이들이 운동장으로 달려갔지요.

이치로는 가장 친한 친구인 자이와 키노를 찾으려고 사방을 두리번거리고 있습니다. 이치로는 켄타로의 둘레에 서 있는 아이들 사이에서 자이와 키노를 보았습니다. 아이들은 켄타로의 이야기에 집중하고 있는 것처럼 보였습니다.

"켄타로가 무슨 재미있는 이야기를 하고 있지?" 이치로는 중얼거리며, 켄타로의 이야기를 듣기 위해 가까이 다가갔습니다.

“정말 재미있었어! 나는 바퀴가 정사각형인 세 발 자동차를 탔어, 음악 계단도 달려서 내려갔고…, 거대한 미끄럼틀에서 경주도 했지.”

켄타로는 숨이 막힐 듯이 신나게 이야기를 계속했습니다.

"켄타로가 어디에 갔었대?" 이치로가 물었습니다.

"놀라운 수학나라에 갔었대." 키노가 대답했습니다.

"와, 거기?" 이치로가 말했습니다.

"그게 무슨 말이야?" 자이가 의아해하면서 말했습니다.

"우리 할머니께서 아침식사 시간 내내 놀라운 수학나라에 대한 이야기를 하셨어. 텔레비전에서 보셨다는데, 거기에서 아이들이 수학 모형들을 가지고 재미있게 논다고 말씀하셨어." 이치로가 대답했습니다. "에이~ 나는 수학으로 뭔가를 재미있게 할 수 있다는 건 상상할 수 없는데?" 이치로가 계속 말을 하였습니다.

"수학이 그렇게 재미없는 것은 아니야." 자이가 말했습니다.

이치로는 학교에서 별 노력 없이 성적을 제법 잘 받기는 했지만, 수학에는 특별한 흥미가 없이 보입니다. 그저 수학시간에 졸지 않을 정도였지요. 특히 수학 숙제는 컴퓨터 게임, TV 시청, 장난감 로봇의 조립과 분해를 위한 시간을 너무 많이 빼앗아 이치로는 항상 수학 숙제에 불만이 있었습니다.

항상 의욕적이며 활달한 키노가 이치로의 어깨를 톡톡 두드리며, "이번 주말에는 놀라운 수학나라에 함께 가보자."라고 말했습니다.

"나도 거기 가 보고 싶었어." 자이가 말했습니다.

이치로는 혼자라면 그곳에 갈 계획조차 세우지 않았을 것이지만, 좋아하는 친구들과 함께라면 분명 흥미로운 모험이 될 것이라고 생각했습니다.

주말이 되자 이치로, 자이, 키노는 버스를 타고 평범한 이층 건물 앞에 내렸습니다.

"우리가 잘 찾아온 게 맞지?"

키노가 말했습니다.

먼저 키노가 문에 성큼 다가섰고, 이치로와 자이가 그 뒤를 따랐습니다. 그들은 건물의 문에 다음과 같이 적힌 것을 보았습니다.

놀라운 수학나라

그들은 괜히 시간 낭비하는 것은 아닐지 의아해 하면서, 천천히 문을 밀고 들어갔습니다.

건물 안으로 들어가자, 완전 딴 세상인 것처럼, 아이들이 흥분하여 크게 소리 지르는 것을 들었습니다.

뚱뚱한 삼각형과
납작하게 눌린 도넛

케이코

문 옆에서 예쁜 도우미 누나가 활짝 웃으며 이들을 맞이했습니다. 도우미의 이름표에는 '케이코'라고 적혀 있었습니다. 그들에게는 도우미 케이코 누나가 신고 있는 롤러스케이트가 한 눈에 들어왔습니다.

"바퀴가 이상해." 키노가 말했습니다. "모서리를 따라 납작하게 눌린 도넛 같이 생겼어."

"중앙에 있는 정사각형 안에는 뚱뚱한 삼각형 모양이 회전하고 있어." 이치로가 덧붙여 말했습니다.

"그리고 바퀴가 돌 때 뚱뚱한 삼각형이 정사각형과 항상 닿아 있네." 자이가 바퀴를 보면서 말했습니다.

"와! 신기하다. 나는 저런 바퀴를 한 번도 본 적이 없어." 이러한 롤러스케이트를 어디에서 구입할 수 있는지 궁금해 하면서 키노가 말했습니다.

키노가 궁금한 것을 묻기도 전에, 케이코 누나가 말했습니다. "여러분도 놀라운 수학나라를 구경하기 위해 이러한 롤러스케이트를 대여할 수 있답니다"

케이코 누나는 이들을 데리고 스케이트를 빌릴 수 있는 카운터로 갔습니다. 소년들은 빨리 전시실로 가고 싶어 했지요. 드디어 이들은 스케이트를 타고 부드럽게 바닥 위를 달렸습니다.

“이것들이 어떻게 작동하는지 아세요?” 이치로가 물었습니다.

“여러분은 이제 알게 될 것입니다.” 케이코 누나는 그들을 3층으로 가는 경사로로 안내하면서 말했습니다.

거기에서 그들은 뚱뚱한 삼각형과 납작하게 눌린 도넛처럼 보이는 많은 물건이 있는 방을 발견했답니다. 문에는 다음과 같이 적혀있었지요.

폭이 일정한 곡선들

방 한 구석에는 뚱뚱한 삼각형 모양의 작은 맨홀 모형과 뚜껑이 있었습니다. 그리고 다른 모양, 예를 들어 둥근 모양, 정사각형 모양, 삼각형 모양, 사다리꼴 모양의 맨홀 모형과 뚜껑도 있었습니다.

케이코 누나는 그들과 새로운 도우미 형 한 명을 남겨두고, 그 방에서 나갔습니다.

"나는 코지라고 해." 코지 형이 말했습니다. "뚜껑들을 움직여 보고, 무슨 일이 일어나는지 살펴볼래?" 코지 형이 제안했습니다.

이치로, 키노, 자이는 뚜껑 하나를 움직여 본 다음, 다른 모양의 뚜껑도 차례로 움직여 보았습니다. 자이는 정사각형 모양의 맨홀과 뚜껑을 선택했습니다.

"이것 좀 봐. 뚜껑이 안쪽으로 빠졌어." 그는 친구들에게 소리쳤습니다.

"왜 그런지 알겠니?" 코지 형이 물었습니다.

"물론이죠. 뚜껑의 한 모서리 길이가 맨홀의 대각선 길이보다 짧기 때문에 그런 것 아닌가요? 제가 뚜껑을 이렇게 움직이면 뚜껑은 맨홀로 빠지게 되는 거죠."

세 친구들 중에 자이는 좀 더 분석적인 생각을 가졌습니다. 자이의 지식은 넓으면서 깊었지요.

이치로와 키노는 자기만의 발견을 찾느라 바빴습니다.

"삼각형 모양과 사다리꼴 모양의 뚜껑은 맨홀에 빠지지만, 원과 뚱뚱한 삼각형 모양의 뚜껑은 그렇지 않아요." 이치로가 말했습니다.

"그 두 가지 모양의 뚜껑에서 특별한 것은 무엇이지요?" 키노가 질문했습니다.

"이들은 폭이 일정한 곡선에 의해 둘러싸여 있단다." 코지 형이 대답했습니다.

코지 형은 그들에게 이 개념을 잘 설명해 주고 있는 포스터를 보여주었습니다.

폭이 일정한 곡선들

곡선의 폭이란 곡선의 경계선에 접하고 마주보는 두 평행선 사이의 거리를 말한다. 만약 이 거리가 접선의 방향에 관계없이 모두 같다면, 이 곡선은 일정한 폭을 가진다고 말한다.

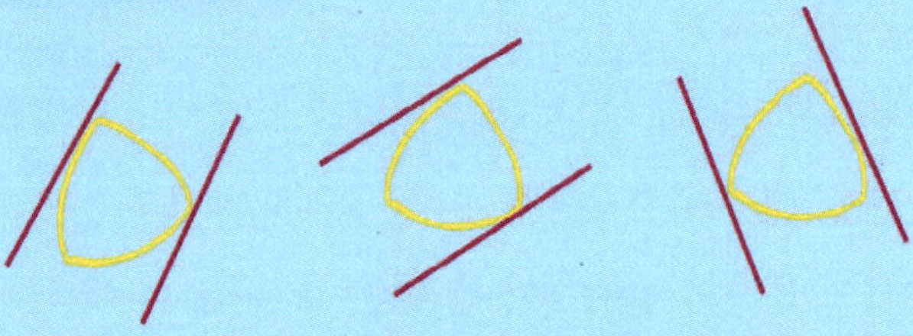

뢸로 삼각형(Reuleaux triangle)의 작도

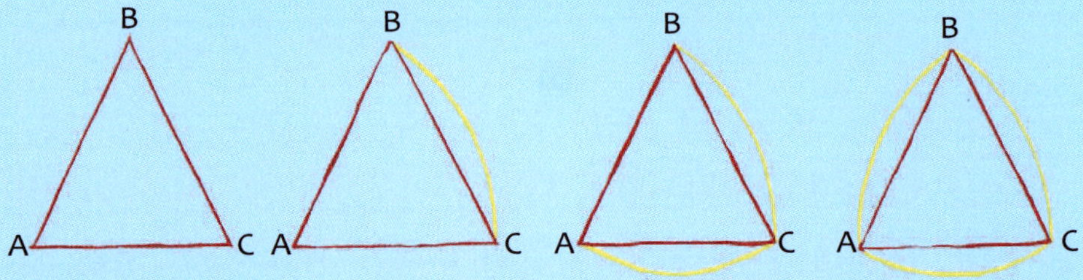

먼저 정삼각형 ABC를 작도한다.

꼭짓점 A가 중심인 원의 호 BC를 작도하고, 꼭짓점 B가 중심인 원의 호 CA를 작도하고, 꼭짓점 C가 중심인 원의 호 AB를 작도한다.

삼각형 ABC가 정삼각형이므로, 세 원은 같은 반지름을 가진다. 이때 호 BC, CA, AB는 뢸로 삼각형의 경계선을 이룬다.

"아~, 뚱뚱한 삼각형을 뢸로 삼각형이라고 부르는구나." 키노가 웃으며 말했습니다.

일정한 폭을 가진 다른 곡선들의 작도

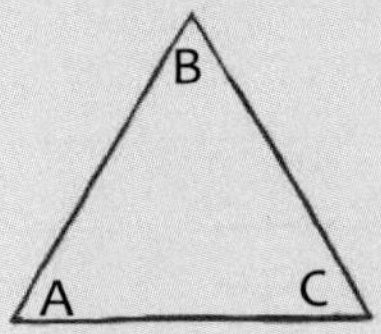

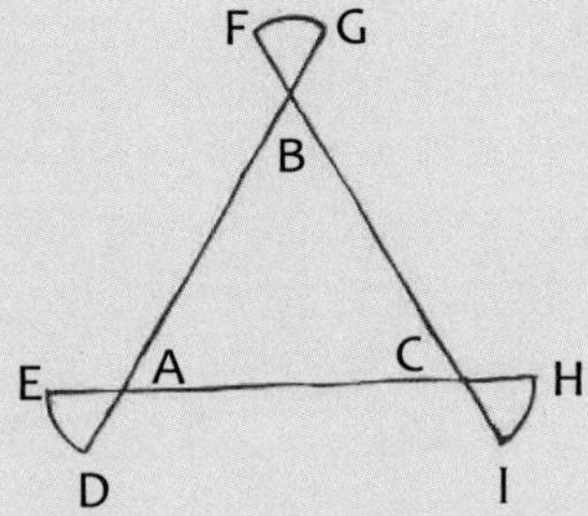

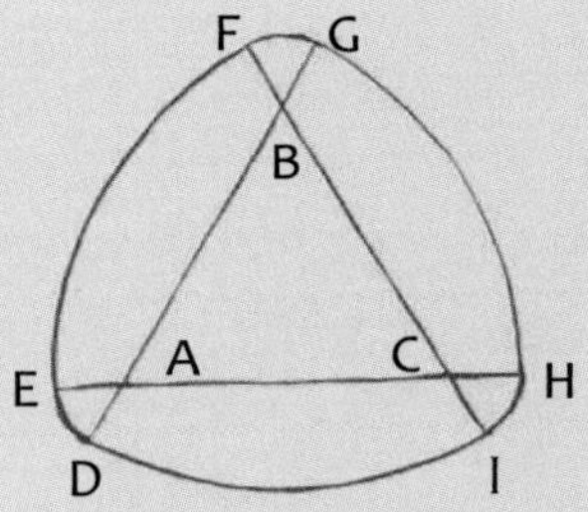

먼저 정삼각형 ABC를 작도한다.

각 꼭짓점에서 만나는 변들을 같은 길이만큼 연장한다. 그러면 삼각형의 바깥쪽에 크기가 60°인 세 각이 만들어진다.

이 각들의 안쪽에 중심이 A인 원의 호 DE, 중심이 B인 원의 호 FG, 중심이 C인 원의 호 HI를 작도한다. 삼각형의 변들을 같은 길이 만큼 연장했으므로, 이 세 원은 같은 반지름을 가진다.

중심이 C인 원의 호 FE, 중심이 A인 원의 호 GH, 중심이 B인 원의 호 ID를 작도한다. 세 원은 같은 반지름을 가진다. 작도된 모든 호들은 일정한 폭의 곡선을 만든다.

폭이 일정한지 확인하기 위해, 코지 형은 몇 가지 도형을 평행한 두 직선 사이로 굴려 보았습니다. 원과 뢸로 삼각형은 굴러가는 동안 두 직선에 항상 닿았지만, 정사각형은 그렇지 않았습니다.

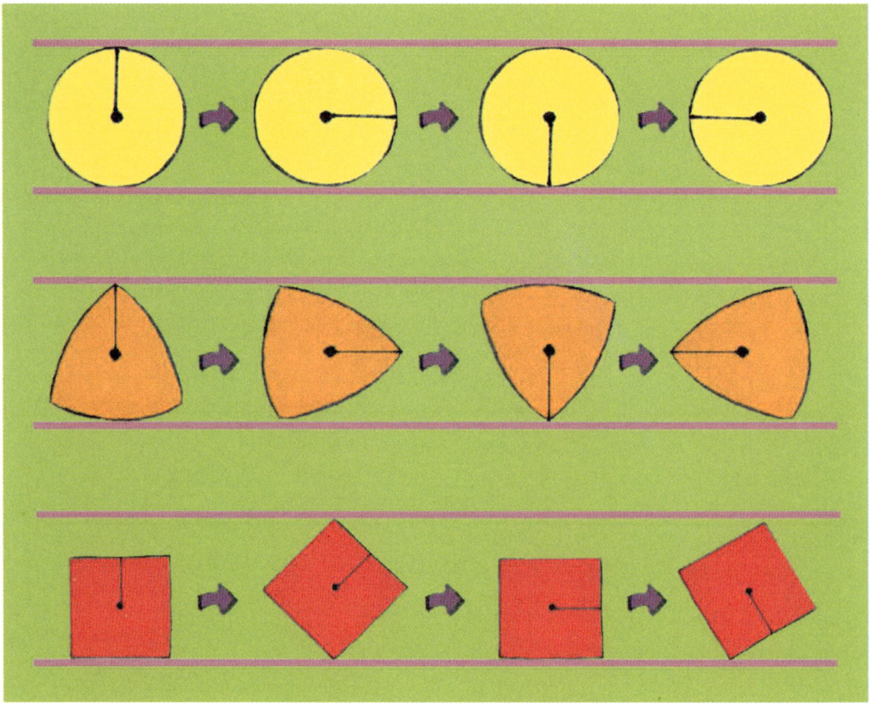

"일정한 폭의 도형들은 평평한 표면을 따라 매끄럽게 굴러가지. 너희들은 롤러스케이트가 얼마나 매끄럽게 움직였는지 느끼지 못했니?" 코지 형이 질문했습니다.

"일정한 폭을 가지는 다른 도형들이 또 있나요?" 키노가 물었습니다.

"뢸로 개념을 오각형, 육각형 등으로 확장할 수 있지." 코지 형이 대답했습니다. 그는 뢸로 삼각형 모양인 버뮤다(Bermuda)의 동전과 뢸로 칠각형 모양인 영국의 옛 동전이 걸려있는 벽면을 가리켰습니다.

방의 다른 벽에는 다음과 같이 적혀 있습니다.

정사각형 구멍

“이 놀라운 기계는 정사각형 구멍을 만들 수 있습니다.” 코지 형이 말했습니다.

“정말로요?” 이치로가 의아해 하며 말했습니다.

자이와 키노도 믿기지 않는 눈치였습니다.

“여러분 중 한 명이 플라스틱 덩어리를 절단기에 대고 시험을 해보세요.” 코지 형이 제안했습니다.

이치로가 앞으로 나와 주의 깊게 기계를 살펴보았습니다. 이치로는 기계의 여러 부분들이 매우 흥미로웠습니다. 절단기는 유선형의 뚱뚱한 삼각형 모양이었습니다. 코지 형이 절단기의 스위치를 올렸습니다. 이때 이치로는 절단기의 칼날들이 정사각형의 경계선을 따라 움직이는 것을 보았지요. 칼날들은 정사각형의 위쪽 변을 따라 왼쪽으로부터 오른쪽으로 움직였고, 그 후에 오른쪽 변을 따라 아래쪽으로 움직였고, 다시 아래쪽 변을 따라 오른쪽에서 왼쪽으로 움직였고, 다시 위쪽으로 움직였습니다. 이러한 움직임은 롤러스케이트에서 유선형의 뚱뚱한 삼각형이 움직이는 것과 같았습니다. 칼날들은 움직이면서, 정사각형의 구석진 모서리의 점들을 제외한 모든 경계선을 지나갔습니다.

“이제 플라스틱 덩어리를 꺼내볼까?” 코지 형이 말했습니다.

절단기의 스위치를 내리자, 이치로는 플라스틱 덩어리를 꺼냈습니다. 정사각형의 구석진 모서리가 직각으로 파이지는 않았지만, 실제로 플라스틱 덩어리에 정사각형 모양의 구멍이 뚫렸습니다.

"와~ 와!" 이치로, 키노, 자이는 환호를 질렀습니다.

다음에 있는 기계의 옆면에는 다음과 같이 적혀 있습니다.

육각형 구멍

이치로, 키노, 자이는 이 절단기가 유선형의 뚱뚱한 오각형 모양이라는 것을 눈여겨보았습니다. 이제 아이들은 더 이상 의아해하며 바라보지는 않았습니다. 그들은 육각형 구멍이 생길 것이라고 기대하는 눈치였습니다. 이를 확인하기 위해, 키노는 절단기를 가동시켰습니다.

자이가 다른 아이들보다 먼저 무언가를 생각해냈습니다.

"유선형의 뚱뚱한 삼각형 모양의 절단기는 정사각형의 구멍을 만들고, 유선형의 뚱뚱한 오각형 모양의 절단기는 육각형의 구멍을 만들었어요. 다른 것들도 마찬가지일 것 같아요. 팔각형 구멍을 만들려면 칠각형 모양의 절단기가 필요하지요." 자이가 우쭐대며 말했습니다.

"정말 그렇겠구나." 코지 형이 자이를 칭찬하며 말했습니다.

"그럼 홀수 개의 변을 가지는 구멍도 만들 수 있어요?" 이치로가 물었습니다.

"우리는 삼각형 구멍과 오각형 구멍을 만들기 위한 절단기를 가지고 있어. 그런데 이들이 일정한 폭을 가지지는 않아." 코지 형이 대답했습니다.

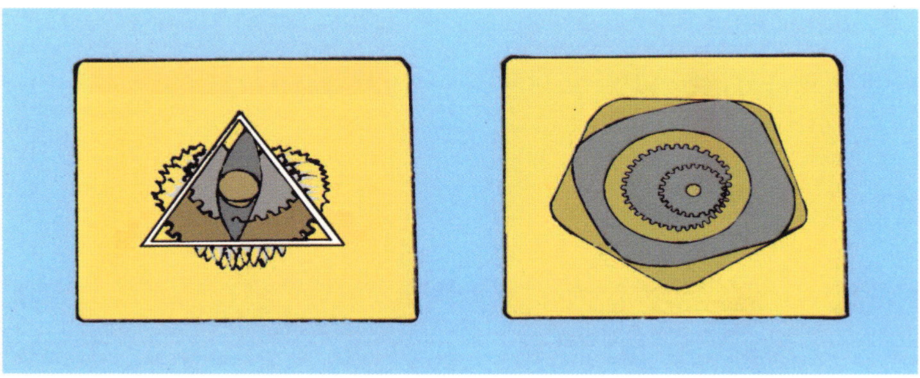

이치로, 키노, 자이는 칼날들을 보았습니다.

"여기에 다른 것이 더 있단다" 코지 형이 말했습니다.

그는 어린이들을 다른 기계로 데리고 가면서 이렇게 말했지요.

"이건 자동차 내부에서 볼 수 있는 회전식 연소 엔진(rotary combustion engine)이란다."

"여기에도 캡슐 안에 뚱뚱한 삼각형이 있어요." 키노가 말했습니다.

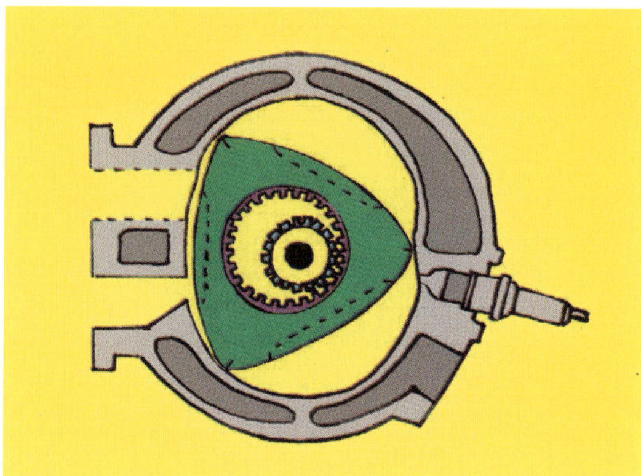

"맞아, 이 캡슐을 엔진의 실린더라고 부르는데, 실린더 안에 뢸로 삼각형이 있단다." 코지 형이 말을 이어갔습니다.

"실린더의 모양은 원이 아니라 외여파선(epitrochoid)이라는 곡선이야. 여기서 외여파선은 한 원이 두 배의 지름을 가지는 다른 원의 둘레를 따라 굴러갈 때, 이 원에서 반지름의 중점이 만드는 곡선이지."

코지 형은 벽의 포스터에 그려진 다양한 외여파선들을 보여주었습니다.

외여파선(epitrochoid)

외여파선 곡선은 반지름이 b인 원이 반지름이 a인 고정된 원의 둘레를 따라 굴러갈 때에, 반지름이 b인 원에 속하는 점 P가 그리는 곡선이다.

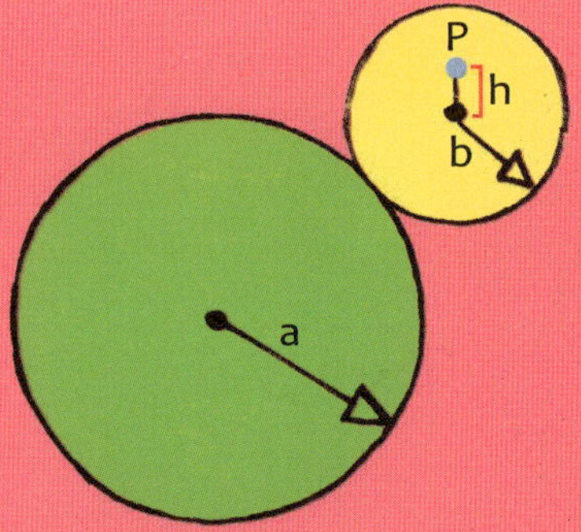

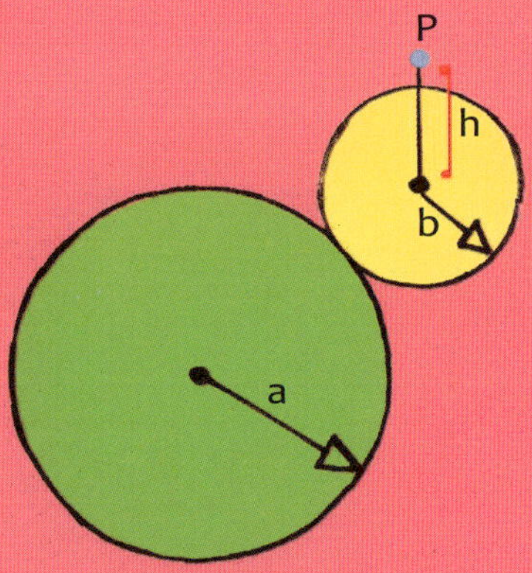

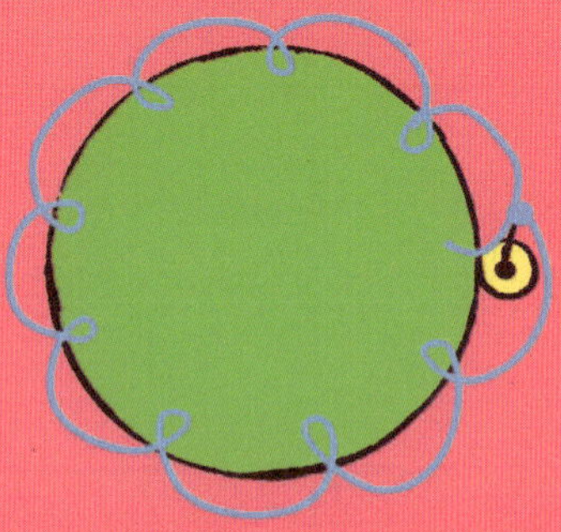

a=1, b=.2, h=.1

a=1, b=.4, h=1.2

a=1, b=.6, h=.6

a=1, b=.8, h=2.6

a=1, b=.5, h=.25

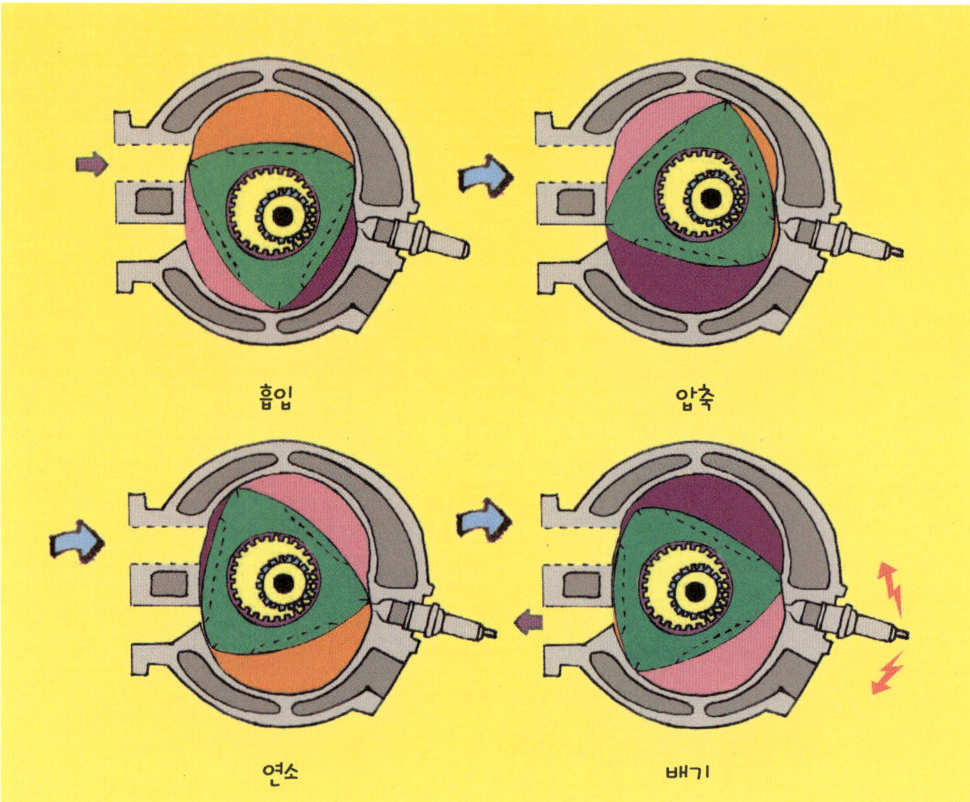
흡입
압축
연소
배기

"너희들이 보는 것처럼, 회전자의 세 꼭짓점은 실린더와 세 점에 접하면서 세 개의 공간을 만들게 되지. 그리고 회전자가 돌아가면서 각각의 공간은 커졌다가 작아졌다가를 반복하게 되는 거야." 코지 형이 말했습니다.

"공간이 커질 때에 그 안으로 연료와 공기의 혼합물이 흡입되고 공간이 작아지면서, 연료와 공기의 혼합물이 압축되면서 점화플러그가 있는 곳으로 옮겨지게 되는 거야. 그리고 점화플러그는 연료에 불을 붙이게 되지. 이때 연료가 타면 가스들은 팽창하게 되어 회전자를 밀게 되는 거야. 그리고 밀려진 회전자에 의해 배기가스는 밖으로 배출되는 것이지. 이와 같이 흡입, 압축, 연소, 배기의 과정이 이루어지게 되는 것이지." 그는 이어서 말했습니다.

"그리고 연소는 자동차가 움직일 수 있도록 하는 동력을 만든단다." 코지 형이 설명을 마쳤습니다.

이치로는 코지 형의 설명을 완전하게 이해하지는 못했지만, 뢸로 삼각형의 유용성을 알게 되었지요. 이치로의 두 친구들도 마찬가지였지요.

그들은 코지 형에게 고맙다는 인사를 하고, 새로운 무언가의 경험을 기대하면서 다른 방으로 이동하였습니다.

멋진 곡선들

이치로, 키노, 자이는 무언가에 환호성을 지르는 어린이들의 흥분된 목소리를 들었습니다.

"무슨 일이 벌어지고 있는지 살펴보자." 이치로가 제안했습니다.

"재미있을 것 같은데." 키노가 동의했습니다.

그들이 안으로 들어가자, 거대한 네 개의 미끄럼틀이 보였습니다. 미끄럼틀 세 개는 곡선 모양이고, 네 번째 것은 직선 모양의 미끄럼틀이었습니다. 때마침 네 명의 어린이가 미끄럼틀에서 내려올 준비를 하고 있었지요.

"직선 모양의 미끄럼틀에 있는 아이가 일등을 할 것 같아." 키노가 자신있게 말했습니다. "두 점 사이의 최단 거리는 직선이라고 배웠잖아."

이치로와 자이는 그다지 자신있어 보이지는 않았지요.

"우선 보기로 하자." 자이가 조심스럽게 말했습니다.

누나가 출발을 알리는 신호를 보냈습니다. 아이들이 미끄럼틀을 내려왔습니다. 그런데 일등은 왼쪽에서 두 번째 미끄럼틀을 탄 아이였습니다. 첫 번째 그룹이 도착하자, 네 명의 다른 그룹이 미끄럼틀을 탈 준비를 하였습니다.

그들은 미끄럼틀 경주를 다시 보기로 했지요. 그런데 방금 전과 같이 두 번째 미끄럼틀을 탄 어린이가 이기는 것을 볼 수 있었습니다.

"이게 우연의 일치일까?" 이치로가 의아해 하면서 말했습니다.

그들은 세 번째 경주 역시 지켜보았지만, 결과는 똑같았습니다.

"왜 그런 것일까?" 그들은 서로에게 물었습니다.

미끄럼틀 경주를 진행한 도우미는 미키 누나였습니다. 미키는 미끄럼틀 경주의 다른 희망자가 있는지 물어보았습니다. 이치로, 키노, 자이는 달려가서 미끄럼틀 경주에 자원하였습니다. 그리고 다른 한 명의 어린이가 이들과 경주를 위해 뽑혔지요. 이들은 스케이트를 벗었고, 미키 누나는 이들의 몸무게를 재었습니다. 미키는 이들의 몸무게를 같도록 하기 위해 모래주머니를 주머니에 넣도록 하였습니다. 그리고 미끄럼틀에서 매끄럽게 미끄러지도록 엉덩이에 깔판도 놓아주었지요. 세 명 모두 두 번째 미끄럼틀에 앉고 싶었지만, 두 번째 자리에는 이치로가 앉았습니다.

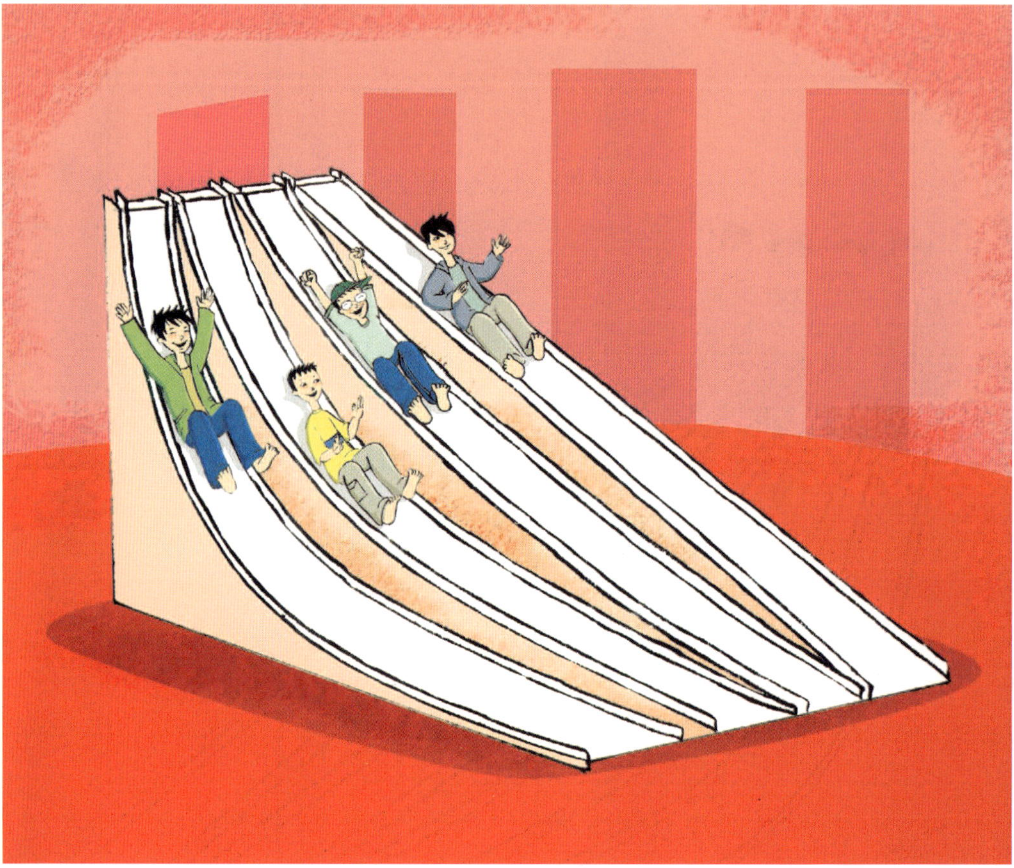

예상했던 것과 같이, 이치로가 일등을 차지했습니다. 그들은 미키 누나에게 질문했습니다. “왜 두 번째 미끄럼틀이 일등을 할 수 있는지 이야기를 해주세요.”

“왼쪽에서 두 번째 미끄럼틀의 곡선은 매우 특별한 것이야. 이 곡선을 사이클로이드라고 한단다.”

미키 누나는 그들을 벽면의 포스터로 데리고 갔습니다.

사이클로이드(cycloid)

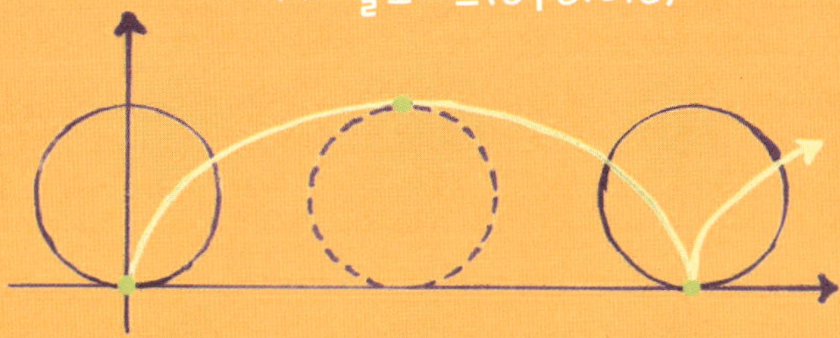

원이 직선을 따라 굴러갈 때에 원 둘레의 한 점은 곡선을 그리게 되는데, 이 곡선이 바로 **사이클로이드**이다.

가장 빠른 내리막 길

한 점이 다른 점보다 낮게 위치해 있다고 하자. 이 두 점을 연결하는 무한히 많은 곡선을 생각할 수 있는데, 이 곡선들 중에서 사이클로이드를 거꾸로 뒤집은 곡선은 미립자가 중력에 의해 높은 지점에서 낮은 지점으로 이동할 때에 가장 짧은 시간에 통과할 수 있는 곡선이다. 이와 같은 성질은 스위스의 수학자 요한 베르누이(Johann Bernoulli, 1667~1748)에 의해 1690년에 발견되었다. 이 성질을 **최단강하선 성질**이라 부른다.

등시곡선(tautochrone) 성질

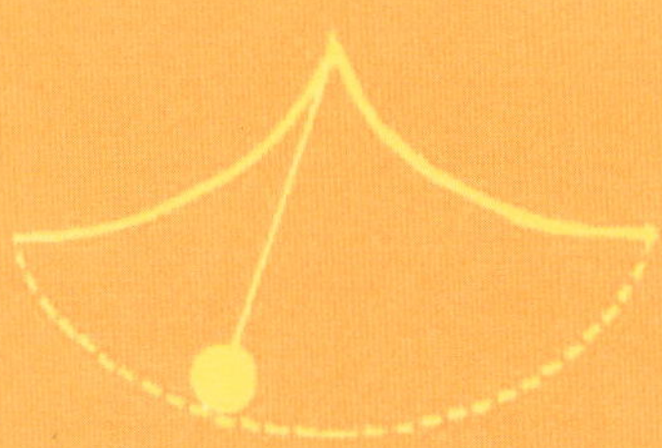

거꾸로 뒤집은 사이클로이드는 다음과 같은 성질도 가지고 있다. 미립자를 거꾸로 뒤집은 사이클로이드에 떨어뜨린다고 하자. 이때 미립자의 떨어뜨린 위치에 관계없이, 미립자가 사이클로이드의 가장 낮은 점에 도달하는 데 걸리는 시간은 모두 같다. 이러한 성질을 가지는 곡선을 **등시곡선**이라 부른다.

이 성질은 네덜란드의 과학자 크리스티안 호이겐스(Christiaan Huygens, 1629~1695)에 의해 1673년 발견되었다. 그는 이 성질을 흔들리는 추를 가진 시계, 즉 진자시계를 고안하는데 사용하였다. 이때 흔들리는 추(진자)는 거꾸로 뒤집은 사이클로이드의 호를 따라 움직이도록 고안되었다. 진자는 거꾸로 뒤집은 사이클로이드의 두 개의 반(半) 호 사이를 왕복하도록 만들어졌으며, 진자는 왕복의 크기에 관계없이 왕복하는 시간이 거의 같다.

"이것을 더 설명해 줄 수 있나요?"

자이는 포스터에 적힌 사이클로이드의 특별한 성질 중 다음에 주목하였습니다.

> 미립자를 거꾸로 뒤집은 사이클로이드에 떨어뜨린다고 하자. 이때 미립자의 떨어뜨린 위치에 관계없이, 미립자가 사이클로이드의 가장 낮은 점에 도달하는데 걸리는 시간은 모두 같다.

"설명을 위해서는 미분방정식이 필요하기 때문에, 너희들에게는 그냥 보여주기만 할게." 미키 누나가 말했습니다.

그들은 미끄럼틀을 향해 고개를 돌렸습니다.

"너희들 중에서 한 명이 두 번째 미끄럼틀로 올라가서 아래로 내려와 볼래?"

키노가 재빨리 자신이 하겠다고 말했습니다.

"내가 시간을 재어 볼게." 미키 누나가 말했습니다.

키노는 1.34초를 기록했습니다.

"이제 다시 미끄럼틀을 타 볼래? 이번에는 미끄럼틀의 맨 위에서가 아니라, 사분의 삼이 되는 위치에서 타 봐."

키노는 미끄럼틀의 사분의 삼 위치에서 출발했지만, 기록은 전과 똑같이 1.34초였습니다.

"와! 신기하다." 이치로가 말했습니다.

자이도 같은 생각이었지요.

"다시 해 봐. 이번에는 미끄럼틀 중간에서 타고 내려와 봐." 자이가 제안했습니다.

이번에도 역시 1.34초를 기록했습니다. 자이는 머릿속 메모장에 '등시곡선'이라고 적었습니다. 키노는 실험에 참여한 것을 기뻐했습니다.

그들은 미키 누나에게 고맙다고 말했습니다. 그리고 방의 다른 한 켠에서 어린이들이 무언가를 준비하는 것을 보았습니다.

"저것은 예전에 켄타로가 말한 적이 있는 정사각형 바퀴를 가진 세발자전거야." 키노가 말했습니다.

키노는 줄을 섰으며, 나머지 두 사람도 가까이서 보기로 결심했습니다.

"이 세발자전거는 진짜로 움직이잖아. 그런데 세발자전거가 가는 길을 자세히 봐. 곡선 모양의 길이잖아." 이치로가 살펴보며 말했습니다.

"아마, 특별한 곡선일 거야." 자이가 말했습니다. "이 세발자전거가 다른 곡선 모양의 길도 다닐 수 있을지 궁금하다."

이름이 히로라고 하는 도우미 형이 그들의 말을 우연히 듣고 설명해 주었습니다.

"정사각형 바퀴가 곡선 모양의 길에서 부드럽게 움직이려면 몇 가지 조건이 만족되어야 해. 바퀴에서 한 변의 길이가 곡선의 호의 길이와 같아야 하지. 이때 바퀴가 앞으로 움직이면서 바퀴의 변은 항상 곡선에 대한 접선이 되는 거야. 그리고 바퀴의 중심은 직선을 따라 움직여야 하고."

히로 형은 그들을 컴퓨터 화면 앞으로 데리고 갔습니다. 컴퓨터 화면에는 곡선 모양의 길을 따라 앞으로 움직이는 정사각형이 보였습니다.

"길의 바닥은 거꾸로 뒤집은 현수선(catenary)들을 서로 연결하여 만들어진 거야." 히로 형이 말했습니다.

"현수선이 뭐예요?" 이치로가 질문했습니다.

"밧줄의 양 끝을 고정시켜 놓고, 밧줄이 아래로 쳐지도록 느슨하게 하면 이 밧줄은 곡선 모양을 만드는데, 이러한 곡선을 현수선이라고 부르지." 히로 형이 대답했습니다.

그들은 컴퓨터 화면에서 거꾸로 뒤집은 현수선들로 만들어진 길을 따라 움직이는 다른 다각형들도 보았습니다.

"여기 좀 봐, 정오각형과 정육각형이 굴러가고 있어." 이치로가 말했습니다.

"그런데 현수선이 좀 평평해졌네." 자이가 살펴보며 말했습니다.

“더 많은 변을 가지는 다른 정다각형들도 굴러갈 수 있나요?” 이치로가 히로 형에게 물었습니다.

“그래. 그런데 변들의 수가 증가할수록, 정다각형은 점점 원에 가까워지고, 현수선은 점점 직선에 가까워지게 돼.” 히로 형이 설명했습니다.

자이는 정다각형 변들의 수가 증가할수록, 정다각형의 모양이 원에 가까워진다는 사실을 곰곰이 생각하였습니다.

“너희들에게 한 가지 퀴즈를 낼게.” 히로 형이 말했습니다. “여기에 정삼각형 모양의 바퀴는 없어. 왜 그럴까?”

자이는 이 문제가 흥미로웠고, 이것을 자신의 머릿속 메모장에 적었습니다.

자이는 세발자전거에서 내려, 친구들 옆으로 돌아왔습니다. 키노는 이치로의 어깨를 가볍게 두드렸습니다.

“이거 타 봐, 재밌어.” 그가 말했습니다. “그런데 세발자전거를 앞으로 움직이려면 약간의 노력이 필요해.”

포스터에는 클로소이드(clothoid)가 있습니다. 클로소이드는 전에 본 적이 없는 새로운 곡선이었습니다.

클로소이드(clothoid)

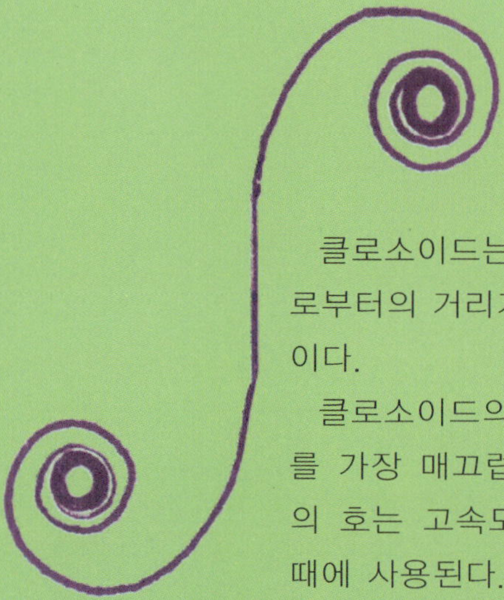

클로소이드는 이중 나선으로, 평면에서 원점으로부터의 거리가 증가하면서 곡률이 커지는 곡선이다.

클로소이드의 호는 직선과 원 모양 곡선 사이를 가장 매끄럽게 연결한다. 그래서 클로소이드의 호는 고속도로를 설계하거나 철길을 설계할 때에 사용된다. 또한 클로소이드의 호는 로봇 운송수단의 이동을 설계할 때에도 사용된다.

오늘날 롤러코스터는 초창기의 원형 고리 모양의 경로가 아니라 클로소이드 고리 모양을 하고 있다. 롤러코스터가 원형 고리 모양이면 기차가 정점(고리의 제일 윗 지점)에서 속도가 떨어지며, 결국 기차가 고리를 통과하려면 고리 입구에서의 속도가 매우 커야 한다. 이러한 경우에 고리 끝부분에서 기차의 속도가 너무 커지게 된다. 작은 반지름을 가지는 클로소이드 모양의 고리는 윗부분에서, 큰 반지름을 가지는 클로소이드 모양의 고리는 아랫부분에서 그러한 문제를 해결할 수 있다.

클로소이드 고리

원형 고리

*일본의 '후지큐 하이랜드'라는 놀이공원에 있는 롤러코스터로, 승객들은 14번의 반전을 경험하게 된다(3번의 궤도 반전과 11번의 좌석 반전). 이 롤러코스터를 건설하는 데에만 3100만 달러가 들었다.

로봇 운송수단의 이동에 대한 부분이 이치로의 관심을 끌었습니다. 키노는 후지큐 하이랜드에서 경험했던 에자나이카(eejanaika) 롤러코스터* 타기를 떠올렸습니다.

"에자나이카는 클로소이드야, 아니면 원형이야?" 그가 물었습니다.

"클로소이드라고 생각해." 이치로가 대답했습니다.

"왜 클로소이드 고리들이 더 안전한가요?" 자이가 물었습니다.

"이것은 물리학과 관련되는데, 속도, 구심가속도, 중력 사이의 상호작용과 관련이 있어." 히로 형이 설명해 주었습니다.

그들은 아직 물리학을 잘 몰라서 더 이상의 질문을 하지 않고 그 방에서 나갔습니다.

직각삼각형의 홀

"All is number"
Pythagoras

어떤 방의 앞쪽에 긴 줄이 늘어서 있었습니다. 이 방의 팻말에는 다음과 같이 적혀있습니다.

피타고라스 방

"피타고라스가 뭐야?" 키노가 물었습니다.

"피타고라스는 사물이 아니라, 피타고라스는 사람이야." 이치로가 대답했습니다.

"피타고라스는 아주 옛날에 살았던 그리스의 수학자야." 자이가 덧붙여 설명했습니다.

"피타고라스라는 이름의 방이 있는 것을 보면, 그는 매우 중요했던 사람이겠지?" 키노가 혼잣말로 중얼거렸습니다.

그들은 줄을 서서 기다리면서, 방의 안쪽을 살짝 보았습니다. 그 방은 형형색색의 방이었습니다. 화사하게 색칠된 벽면은 아이보리색의 바닥이 두드러져 보이게 하였습니다.

"바닥을 좀 봐, 바닥에 삼각형 모양의 타일이 깔려있어." 이치로가 바라보며 말했습니다.

"직각이등변삼각형이야." 자이가 말했습니다.

방에 들어가자마자, 그들은 벽면의 잘 보이는 곳에 걸린 피타고라스의 초상화를 보았습니다.

"모든 것은 수이다"

피타고라스(B.C. 580~500)

피타고라스는 기원전 6세기에 살았던 가장 영향력 있는 사상가 중의 한 사람이다. 그는 남부 이탈리아의 크로토나에서 학교를 설립하였다. 그의 제자들은 수론, 기하학, 음악, 천문학을 연구하였다. 13권으로 된 유클리드 『원론』의 7권, 8권, 9권은 피타고라스학파에 의해 연구된 수론의 내용이다.

"모든 것은 수이다, 무엇을 의미하는 걸까?" 키노가 의아해 하며 질문하였습니다.

도우미인 미호 누나가 그의 말을 어깨너머로 들었습니다. 그녀는 키노에게 다가와서 말했습니다. "피타고라스는 우주의 모든 것이 수와 연결되어 있다고 믿었어. 그래서 피타고라스와 그의 제자들은 수들의 성질을 연구하면 우주의 비밀을 밝힐 수 있을 것이라고 생각했지."

방의 한쪽에는 회전하는 기계장치가 몇 개 있었습니다. 많은 어린이들이 기계장치 주위로 몰려들었습니다. 키노는 사람들 사이를 뚫고 기계장치 앞으로 갔습니다. 이치로와 자이도 천천히 걸어갔습니다.

첫 번째 기계장치는 중앙에 직각삼각형이 있고 직각삼각형의 각 변에는 정사각형이 있었습니다.

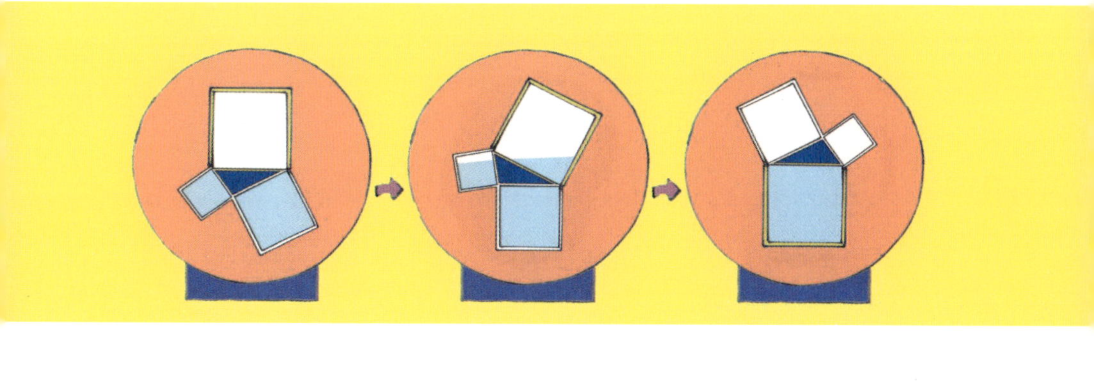

기계장치가 회전하면서, 작은 두 개의 정사각형에 있던 색깔있는 액체가 큰 정사각형으로 흘러들어갔습니다.

작은 정사각형들은 완전히 비었고, 큰 정사각형은 가득 채워졌습니다. 표지에는 다음과 같이 적혀 있습니다.

피타고라스 정리

$$x^2 + y^2 = z^2$$

"이 방정식이 삼각형, 정사각형들과 어떤 관계가 있지?" 키노가 질문하였습니다.

이치로가 잠시 생각에 잠겼습니다. 잠시 후, 이치로는 "x와 y는 직각삼각형의 옆변의 길이를 나타내고, z는 빗변의 길이를 나타내지."

"x^2과 y^2은 밑변에 놓인 정사각형들의 넓이이며, z^2은 빗변에 놓인 정사각형의 넓이야." 자이가 계속 설명하였습니다. "그러므로 방정식은 밑변에 놓인 정사각형의 넓이를 합하면 빗변에 놓인 정사각형의 넓이와 같다는 것을 나타내지. 예를 들면,

$x=3$, $y=4$, $z=5$ 이면, $9 + 16 = 25$."

"이것이 바로, 기계장치에서 두 정사각형에 있는 액체들로 큰 정사각형을 채울 수 있는 이유야." 이치로가 덧붙였습니다.

"알았어." 키노가 대답했습니다.

"피타고라스 정리는 모든 직각삼각형에 대해서 성립해." 미호 누나가 그들에게 말했습니다.

자이는 집에 돌아갈 때에, 다양한 직각삼각형들에 대한 이 공식을 머릿속 메모장에 적었습니다. 이치로는 회전장치를 만드는 방법에 관심이 많았으며, 어떻게 색깔있는 액체가 흘러들어갔다 나왔다 하는가에 대해 큰 흥미를 가지고 있었습니다. 그는 한참 동안 기계장치 앞에 서 있었습니다. 키노는 이미 움직이기 시작했습니다.

두 번째 기계장치도 첫 번째 장치와 비슷했는데, 두 번째 기계장치에는 액체 대신 색칠된 플라스틱 조각들이 작은 두 정사각형들로부터 움직여서 큰 정사각형을 채우도록 되어 있었습니다.

"어떻게 정사각형을 부분들로 나눌 수 있어요?" 자이가 물었습니다.

미호 누나는 그러한 절단을 설명하는 다른 포스터로 그들을 데리고 갔습니다.

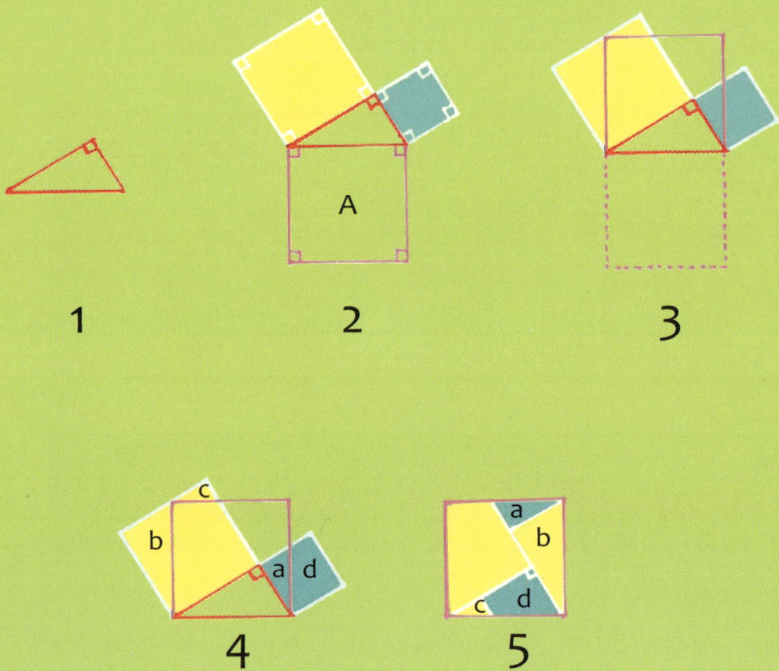
A
1
2
3
c
b
a
d
4
a
b
c
d
5

"피타고라스가 어떻게 이런 생각을 했을지 궁금해요." 이치로가 말했습니다.

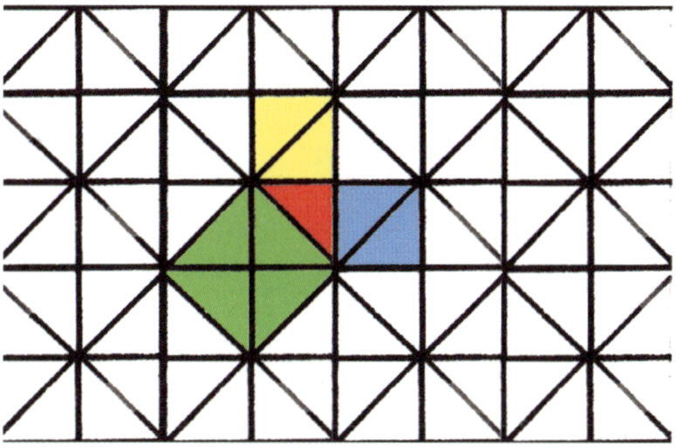

"피타고라스는 사원의 바닥에 있는 타일들을 관찰하면서 그런 생각을 떠올렸대. 타일들의 규칙성이 지금 우리 방의 바닥에 있는 타일들의 규칙성과 같아. 너희들은 타일들 속에서 피타고라스 정리를 발견할 수 있겠니?"

그들은 주의 깊게 살펴보았습니다. 그들에게 타일의 규칙성이 점차 눈에 띄기 시작했습니다. 이치로는 바닥에서 규칙성을 찾아, 손가락을 가리켰습니다.

"얘들아, 다른 장치들에는 직각삼각형에 정사각형들이 없어." 키노가 말했습니다.

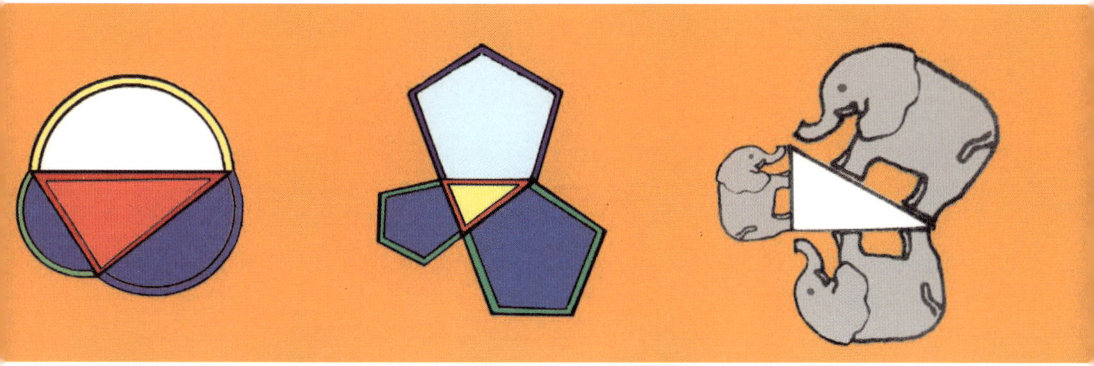

다른 기계장치에는 반원, 오각형, 코끼리가 있었습니다.

"피타고라스 정리는 확장될 수 있단다. 정사각형이 닮음인 다른 도형들로 대치되어도 넓이 관계들은 여전히 성립해." 미호 누나가 설명했습니다.

"넓이 관계가 어떻게 성립하는데요?" 자이가 질문하였습니다.

미호 누나는 이치로, 키노, 자이를 칠판으로 데리고 갔습니다.

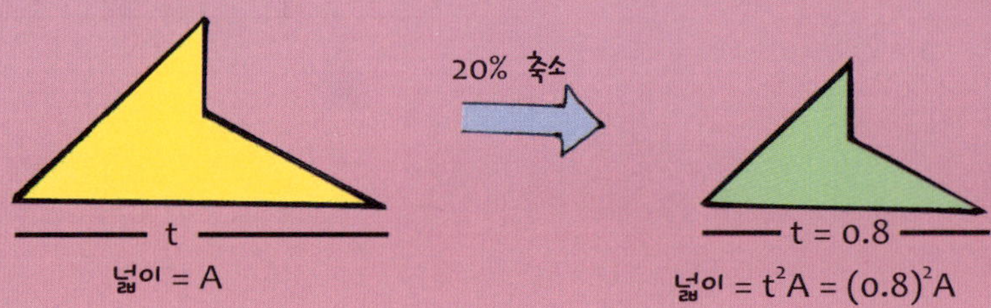

"복사기에서 축소복사는 어떻게 하는지 본 적 있니?" 그녀가 물었습니다.

"만약 넓이가 A인 어떤 도형이 있는데, 그 도형을 20%만큼 축소시킨다고 해 보자." 그녀는 칠판에 그림을 그렸습니다.

"그러면 얻어진 도형은 처음 도형과 닮음일 것이고, 그 넓이는 t^2A 또는 $(0.8)^2A$가 될 거야." 그녀는 계속 말했습니다. "만약 반대로 도형을 확대시키려 한다면, 복사기는 또 비슷하게 일을 할 거야."

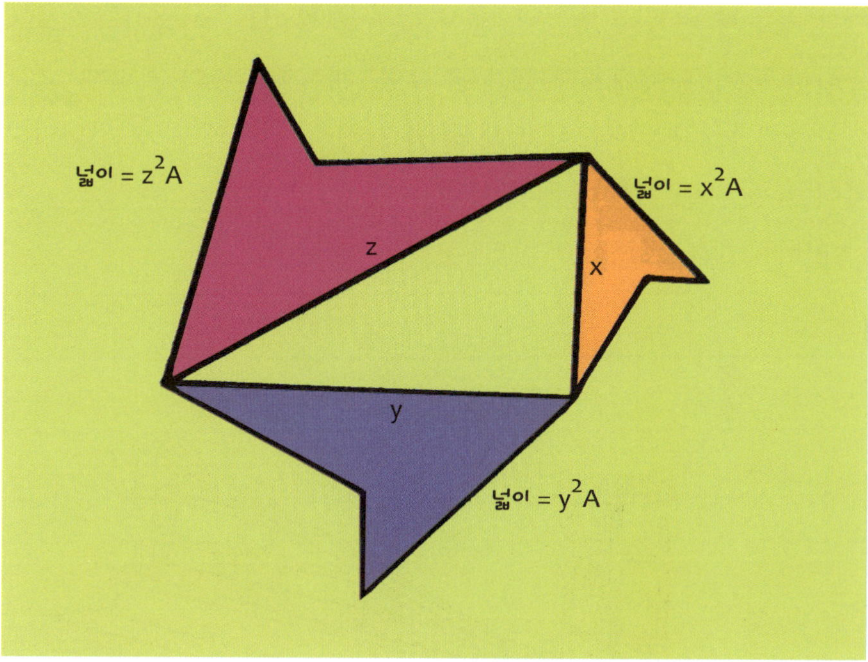

미호 누나는 칠판에 계속 그림을 그렸습니다.

"직각삼각형의 변들에 처음 도형과 닮음인 도형들을 그렸어. 이때 이들의 넓이의 비는 삼각형의 변들의 비에 따르지." 그녀가 말했습니다. "피타고라스 정리에 의해,

$$x^2 + y^2 = z^2$$

이야. 그래서 다음이 성립하는 거야."

$$\begin{aligned} x^2A + y^2A &= (x^2 + y^2)A \\ &= z^2A \end{aligned}$$

"삼각형의 변들에 있는 도형이 어떤 모양이든, 이들이 서로 닮음이며 넓이가 변에 비례하기만 하면, 직각삼각형의 밑변에 놓인 도형들의 넓이의 합은 빗변에 놓인 도형의 넓이와 같게 됩니다." 자이가 고개를 끄덕이며 말했다.

"맞아! 바로 그거야." 미호 누나가 말했습니다.

그들은 나무로 된 다른 모형도 보았습니다. 이 모형에는 두 개의 원목 자동차가 있습니다. 이들 중 하나는 경사진 도로를 따라 위아래로 움직이고, 다른 하나는 원기둥 내부에 있는 나선형 길을 따라 위아래로 움직이고 있습니다.

"이것은 무엇인가요?" 키노가 질문하였습니다.

"이 장치는 나선의 길이를 측정하는 방법을 보여주는 장치야." 미호 누나가 설명했습니다. "자동차들을 보자. 이들은 동시에 아래로 출발해. 이때 하나는 경사로의 맨 위에서 아래로, 다른 하나는 나선형 길의 맨 위에서 아래로 내려가지. 단, 이 자동차들은 같은 속도로 내려오도록 기어를 미리 조정해 놓았어."

"자동차들이 동시에 도착했어요. 이것은 나선의 길이가 경사선의 길이와 같다는 것을 의미해요." 이치로가 말했습니다.

"바로 그거야." 미호 누나가 말했습니다.

이치로는 조심스럽게 자동차를 움직이도록 하는 기어를 관찰했습니다.

"그런데 이것이 왜 피타고라스 방에 있을까요? 피타고라스 정리와 어떤 관계가 있어요?" 키노가 물었습니다.

"나선의 감긴 부분을 풀어서 평평하게 만든다고 생각합시다" 미호 누나가 말했습니다.

"원기둥의 높이를 h, 밑면의 반지름을 r이라고 해요. 그리고 나선이 원기둥을 n번 감는다고 해요.(모형에서 $n=4$)" 그녀는 계속 말했습니다.

그녀는 칠판으로 다가가 그림을 그렸습니다.

"평평해진 각 부분의 폭은 원기둥 밑변의 둘레와 같아."

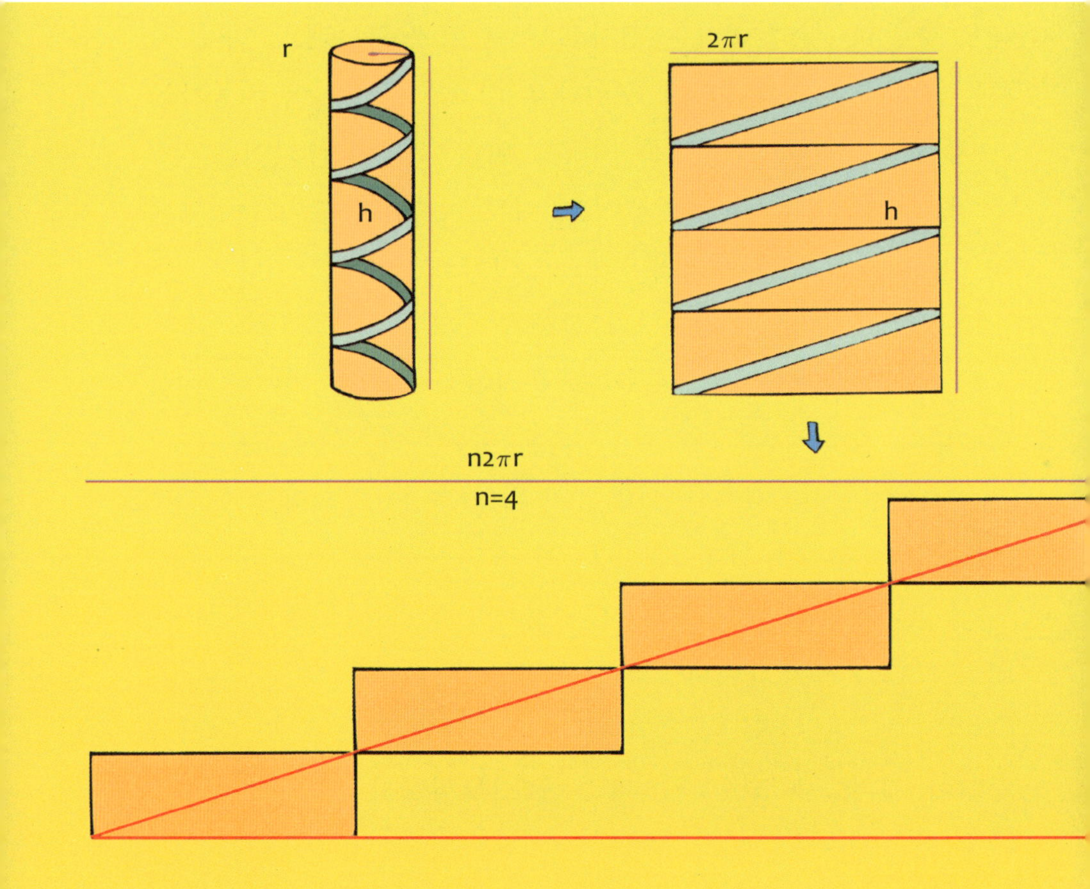

"만약 평평해진 부분을 대각선을 따라 직선이 되도록 모으면, 높이가 h이고 밑변이 $n2\pi r$인 직각삼각형의 모양이 얻어지지."

"알았어요." 자이가 말했습니다. "그러면 피타고라스 정리에 의해,

경사선의 길이는

$$\sqrt{(n2\pi r)^2 + h^2}$$

가 되죠."

"맞아." 미호 누나는 자이가 설명을 빨리 이해하는 것에 감탄하며 칭찬해 주었습니다.

그러나 자이의 친구들은 이것을 대수롭지 않게 여겼습니다. 자이는 항상 다른 친구들보다 빨리 그리고 모든 것을 수월하게 이해했습니다.

음악에서 배우는 수학

피타고라스 방 안에 있는 동안, 그들은 어디선가 들려오는 음악을 들었습니다. 그들은 다음 표지판을 보았습니다.

음악의 방으로 가는 길

표지판은 평범해 보이지 않는 나선형 계단을 가리키고 있었습니다. 계단의 각 층계는 길이가 같지 않았으며, 몇몇 층계에는 천이 깔려있었습니다. 이름이 야스인 도우미 형이 그들에게 다가서서, 한 번에 한 층계씩 걸어서 계단을 내려가도록 말했습니다. 언제나 그랬듯이, 키노가 앞장을 섰습니다. 키노가 걷는 각 층계는 일정한 음을 만들었습니다. 키노가 아래로 내려가자, 멜로디가 만들어졌습니다.

이치로와 자이가 뒤를 따랐습니다. 이들은 이치로가 앞서가고 몇 층계 뒤에 자이가 따라가면 어떤 일이 생길까 하는 호기심이 생겼습니다. 그들은 야스 형에게 그렇게 할 수 있는지, 허락해 줄 수 있는지 물었습니다. 그들이 터벅터벅 내려오자, 음들이 뒤섞여 들려 왔습니다. 그들은 음악 계단을 따라 2층 높이를 내려와 건물의 지하에 도착했습니다.

계단의 맨 아래에는 두 개의 포스터가 있었는데, 하나는 계단에 대한 것이고 다른 하나는 음악과 수학에 대한 것이었습니다.

음악 계단

실로폰은 딱딱한 나무 막대기를 틀 위에 적당한 간격으로 놓아 만든 악기이다. 이 막대기들은 길이에 따라 다른 음을 내도록 조율되어 있다. 실로폰은 두 개의 작은 채를 이용하여 연주한다.

음악 계단은 실로폰의 원리를 바탕으로 설계되었다. 층계들은 서로 다른 길이의 막대기로 만들어져 있으며, 반음계의 다양한 음표들의 소리를 낼 수 있다. 그래서 계단을 걸어 내려오면, 간단한 멜로디를 들을 수 있다.

실로폰 막대기의 길이와 음 사이의 관계는 피타고라스에 의해 알려졌다. 그는 다른 장력 하에서 현들의 다양한 길이를 이용하여 만들어지는 음들을 알아냈다. 그는 하나의 현으로 된 악기인 일현금을 만들었다. 이 악기는 일정한 길이 만큼의 현을 누르고 현을 손가락으로 튕기면, 다양한 음을 만들어낸다.

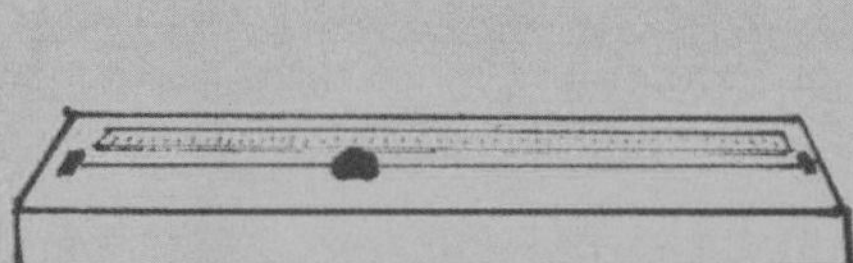

"음악은 인간의 영혼이
무의식적인 수세기를 통해 얻는 즐거움이다"

고트프리드 라이프니츠(1646~1716)

라이프니츠와 아이작 뉴튼은 모두 미적분학을 발명했다고 인정받고 있다. 라이프니츠는 수학 이외의 다른 분야에서도 두드러진 기여를 했다. 그는 외교관, 역사학자, 철학자였다. 그는 종종 '마지막 만능 학자'로 묘사되기도 한다.

방의 한 켠에 피아노가 있습니다. 도우미 치에 누나는 음계의 음표들을 피아노로 연주하며, 음계들 사이의 관계를 설명하고 있습니다.

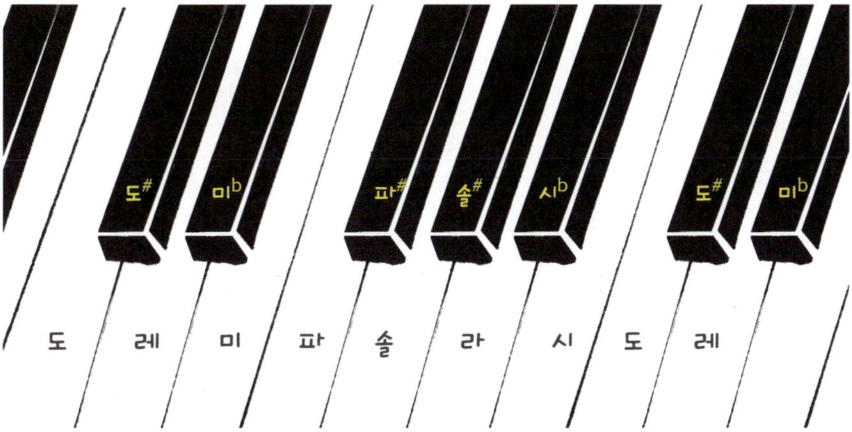

"내가 몇몇 화음을 연주해볼 테니, 너희들은 들리는 화음이 좋은지 그렇지 않은지 나에게 이야기해줘."라고 말했습니다. "만약 듣기 좋으면 박수를 쳐줘."

그녀는 도-미-솔을 쳤습니다. 그러자 아이들은 모두 박수를 쳤습니다.

그녀는 연속해서 화음들을 연주했습니다. 아이들은 그녀가 도-파-라를 연주할 때와 첫 번째 옥타브에서 두 번째 옥타브로 넘어가면서 시-라-솔을 연주할 때에 박수를 쳤습니다.

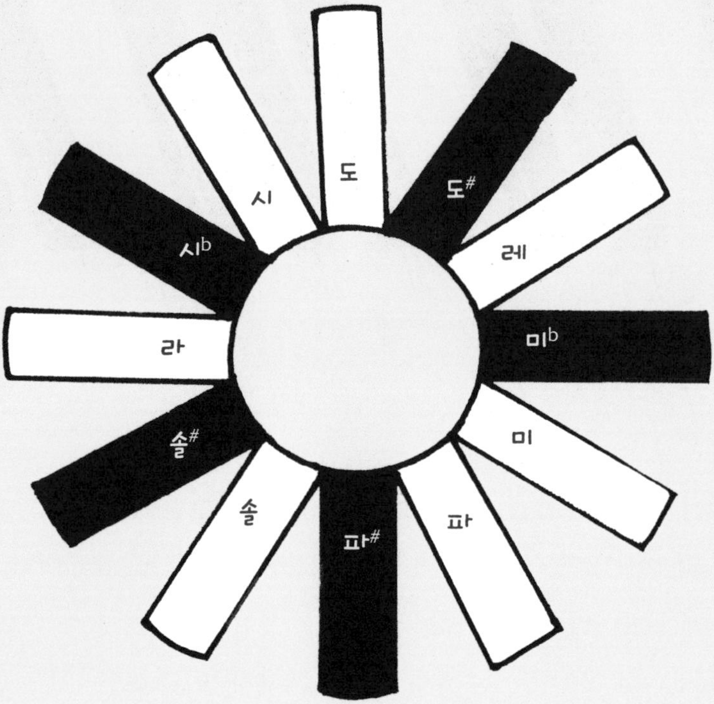
도
도#
레
미b
미
파
파#
솔
솔#
라
시b
시

"이제 원형 음계에 음표들을 놓도록 하자."라고 하면서, 그들을 도표로 안내했습니다. "이제 조화로운 화음들을 다시 보자. 여기서 음계들 사이의 거리를 계산해 보자."

"도-미-솔은 4-3-5" 키노가 말했습니다.

"레-파-라은 3-4-5" 다른 어린이가 말했습니다.

"시-레-솔은 3-5-4" 다른 아이가 말했습니다.

"이 세 수가 너희들에게 무언가를 떠오르게 하니?"

자이는 골똘히 생각한 후에, "이들은 직각삼각형의 변들의 길이입니다."라고 말했습니다.

"맞아!" 치에 누나가 말했습니다. 그녀는 변의 길이가 4-3-5, 5-4-3, 3-5-4인 직각삼각형들을 꺼냈습니다.

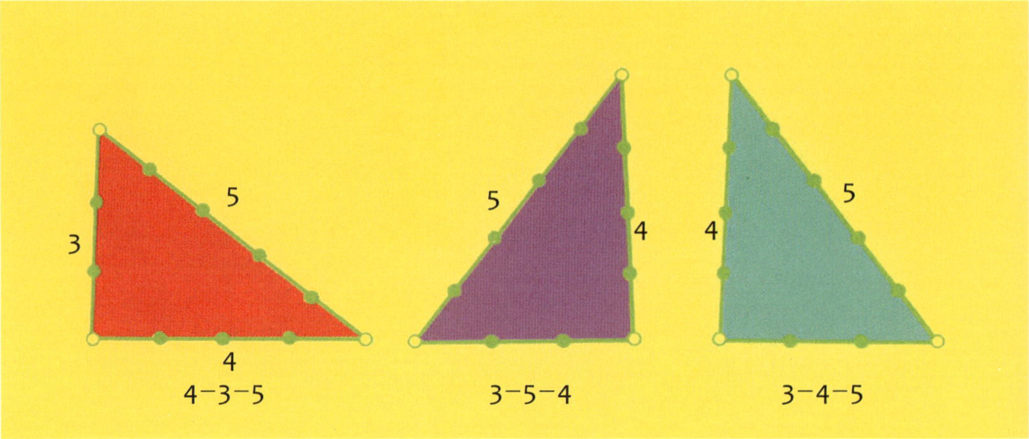

"보다시피, 4-3-5와 3-5-4인 삼각형들은 합동이야."

"그러면 조화로운 화음들은 피타고라스 정리와 어떤 관계가 있는 것일까요?" 키노가 큰 소리로 말하면서, 그러한 관련성의 존재 가능성에 대해 놀라워했습니다.

"분명 관련성은 있어요." 치에 누나가 대답했습니다.

"4-3-5만큼 떨어진 음표들로 된 화음을 도#에서 시작하여 연주하면 어떻게 될까요? 이때에도 우리는 조화로운 화음을 얻을 수 있을까요?" 이치로가 질문했습니다.

"한번 해 보면 되죠." 치에 누나가 대답했습니다.

키노는 도#-파-솔#의 화음을 피아노에서 연주했습니다.

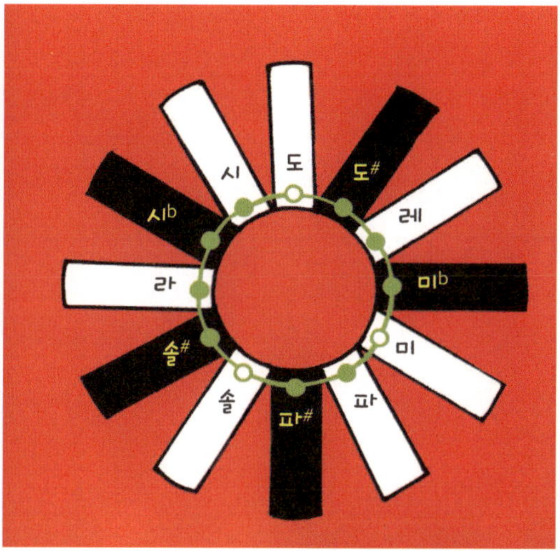

도
도#
레
미b
미
파
파#
솔
솔#
라
시b
시

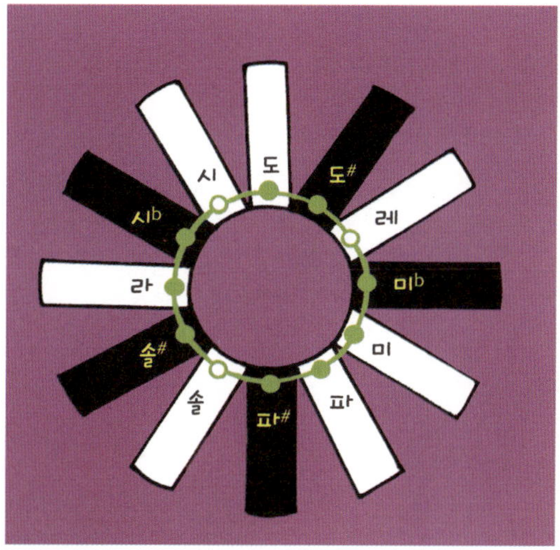

도
도#
레
미b
미
파
파#
솔
솔#
라
시b
시

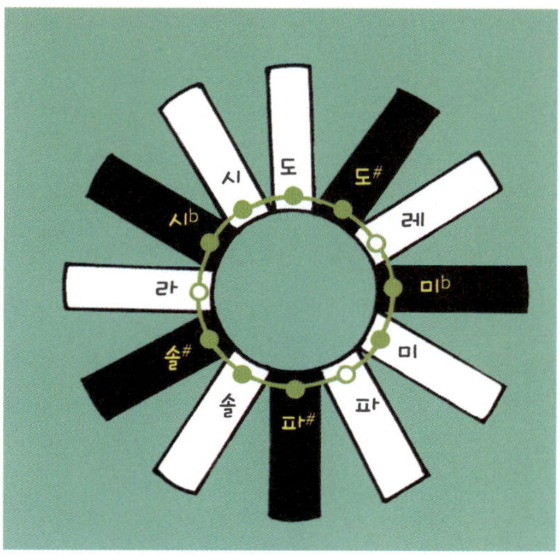

도
도#
레
미b
미
파
파#
솔
솔#
라
시b
시

아이들이 박수를 쳤습니다. 그들은 다른 화음을 연주하기 위해 줄을 서서 기다렸습니다.

"여기 주목하세요" 치에 누나가 말했습니다. "3-4-5 화음은 좀 우울한 소리가 나는데, 4-3-5 화음은 명랑한 소리가 나지요."

소년들은 치에 누나가 말한 것을 확인하기 위해, 거대한 원형 실로폰에 가서 4-3-5 화음과 3-4-5 화음을 연주했습니다.

파친코[2] 수학

2 핀볼과 슬롯 머신의 중간 정도인 게임장치로, 게이머는 핀들의 배열을 이용해 공들의 흐름을 조절한다.

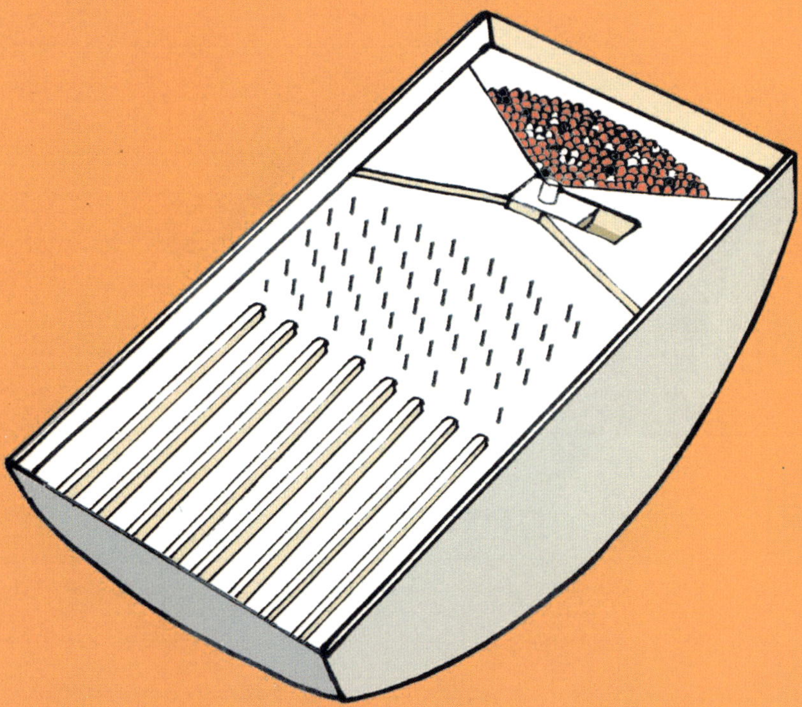

이치로, 키노, 자이는 음악의 방에서 나와 신기한 물건들이 많은 다른 전시실로 이동하였습니다.

그곳의 바닥에는 나무로 된 커다란 물건이 있었습니다. 이 물건의 바닥은 흔들리는 요람(아기침대)의 바닥과 비슷하게 생겼으며, 위는 핀들이 잘 배열되어 꽂혀 있는 판으로 덮여 있습니다. 핀들의 위쪽에는 플라스틱 공들이 들어있는 함이 있고, 핀들의 아래쪽에는 수직으로 된 함들이 있습니다.

그들은 이것이 무엇인지 전혀 알지 못했습니다. 그들은 가까이서 그것을 보려고 무릎을 앞으로 내밀었습니다. 핀들은 수평선을 따라 일정한 간격으로 판에 박혀 있고, 수평선의 핀들은 바로 위 수평선 핀들의 위치를 핀 간격의 절반만큼 이동한 곳에 박혀 있습니다.

"파친코와 비슷한데요?" 키노가 말했습니다.

도우미 노리오 형이 그들 앞으로 다가섰습니다. "이 장치를 기울여서, 공들이 담긴 함을 높게 들어올려 봐요." 그가 말했습니다.

이치로와 자이가 장치를 기울였습니다.

"이제 함의 문을 열고, 공들이 굴러 내려오도록 해 보자." 그가 말했습니다.

키노가 그렇게 하자, 공이 굴러 내려왔습니다.

공들이 수직인 함들에 산 모양으로 배열되었습니다.

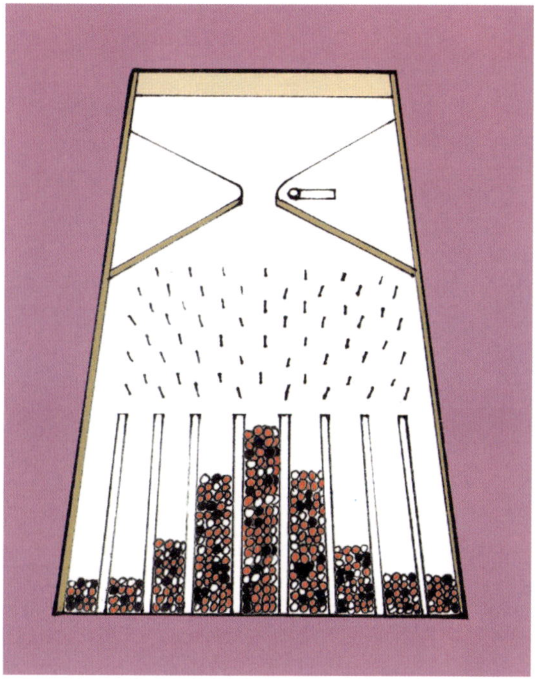

그들은 재미있어 하면서 장치를 반복하여 움직였습니다. 먼저 키노는 장치를 반대 방향으로 기울여, 공들이 처음 위치로 돌아가도록 하였습니다.

“비슷한 종류의 배열이 되었어요.” 이치로가 말했습니다.

“이것을 정규분포라고 부른단다.” 노리오 형이 그들에게 알려주었습니다.

그들은 이 장치로 세 번 정도 움직여보았는데, 모두 같은 결과를 얻었습니다.

세 번째로 장치를 움직였을 때 자이는 공들을 가까이에서 관찰했습니다. 그리고 핀을 때린 공이 왼쪽 또는 오른쪽으로 떨어질 가능성은 같다고 생각했습니다.

“왜 공들이 항상 그런 방식으로 떨어질까?” 키노와 이치로는 궁금했습니다.

“핀들의 위치와 어떤 관계가 있지 않을까요?” 자이가 말했습니다.

“자이 말이 맞아.” 노리오 형은 무언가를 배우려는 그들의 열정을 눈치챘습니다. 그는 그들을 칠판으로 데리고 가서, 그림을 그리며 설명하였습니다.

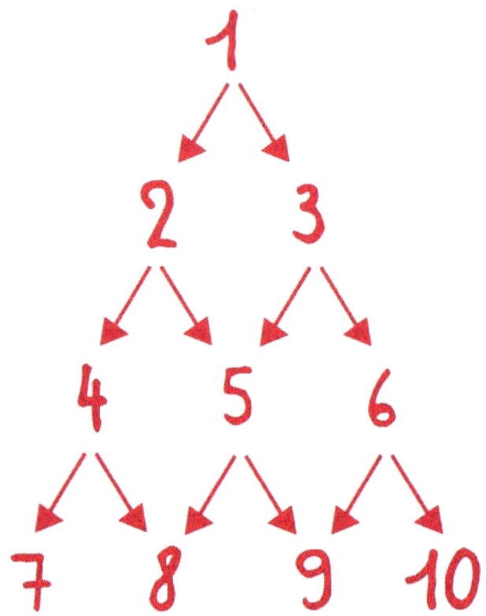

“문에서 나오는 공이 곧바로 핀의 중앙으로 굴러가서 핀과 부딪치면, 공은 핀의 오른쪽 또는 왼쪽으로 떨어지게 되는데, 이때 어느 쪽으로든 떨어질 확률은 같아. 이 확률을 비 1 : 1로 나타내자. 그러면 아래에 있는 두 핀의 왼쪽, 중앙, 오른쪽으로 공이 떨어질 확률을 비로 나타내면 1 : 2 : 1이 되겠지.”

“이것은 경로들을 세어서도 알 수 있어. 핀 2로 가는 경로가 하나 있고, 핀 3으로 가는 경로가 하나 있어. 그러면 바로 아래의 핀 4로 가는 경로는 하나, 핀 5로 가는 경로는 두 개, 핀 6으로 가는 경로는 하나가 되겠지. 만약 경로들을 계속 세면, 핀 7로 가는 경로는 하나, 핀 8로 가는 경로는 세 개, 핀 9로 가는 경로는 세 개, 핀 10으로 가는 경로는 하나가 있다는 것을 알 수 있지. 만약 같은 방법으로 계속 진행한다면, 경로의 수는 가운데를 중심으로 커지며, 공들이 가운데 함에 모일 가능성이 많다는 것을 알 수 있지.”

그는 칠판에 계속해서 써 나갔습니다.

"만약 내가 경로들의 개수를 다음과 같이 쓴다면, 너희들은 무엇을 알 수 있을까? 그는 퀴즈를 냈습니다.

1

1 1

1 2 1

1 3 3 1

1 4 6 4 1

"이렇게 삼각형 모양으로 적힌 수들을 어디서 본 듯한데, 너희들은 이러한 것을 전에 본 적이 있니?" 키노가 기억을 더듬으며 물었습니다.

"이것은 파스칼 삼각형이야." 이치로가 대답했습니다.

"수학이 많은 것들과 서로 연결되어 있다는 것이 놀라울 거야. 파스칼의 삼각형이 생활에서 이용되는 경우를 또 만나게 될 거야." 노리오 형이 말했습니다.

GCD-LCM 기계

“이것 좀 봐.” 이치로가 크게 외쳤습니다. “이 기계는 GCD와 LCM을 자동적으로 계산해.”

최근 그들은 수학시간에 최대공약수(greatest common divisor, GCD)와 최소공배수(least common multiple, LCM)를 배웠기 때문에, 이 기계가 매우 흥미로웠습니다.

“소인수가 2, 3, 5인 경우에만 계산할 수 있다고 적혀 있어.” 이치로가 표에 적인 설명을 가리키며 말했습니다.

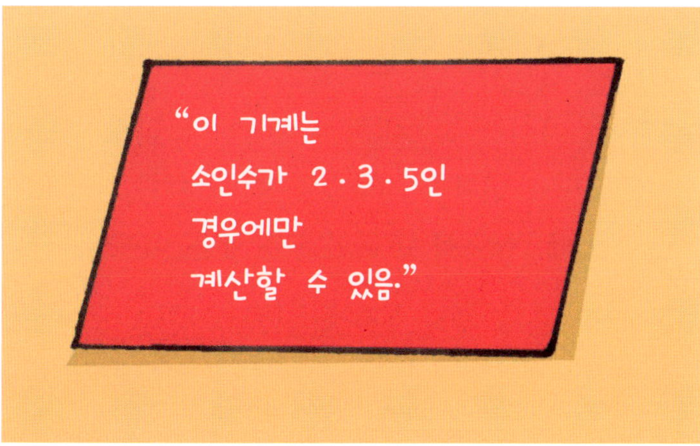

“알았어.” 키노가 말했습니다. “무엇을 해야 하지?”

그들은 지시문을 읽었습니다.

1. 두 수를 선택해서, 이들을 소인수로 분해하여라.

그들은 $a = 90 = 2 \times 3 \times 3 \times 5$, $b = 24 = 2 \times 2 \times 2 \times 3$을 선택했습니다.

$$a = 90 = 2 \times 3 \times 3 \times 5$$
$$b = 60 = 2 \times 2 \times 3 \times 5$$

2. 표에 2, 3, 5가 적힌 공들이 있다. 각각의 수에 대해 소인수분해에 상응하는 공들을 선택하여라.

3. 첫 번째 수에 상응하는 공들을 한 깔때기 모양에 넣고, 두 번째 수에 상응하는 공들을 다른 깔때기 모양에 넣어라.

이치로, 키노, 자이는 지시대로 따랐습니다. 그들은 깔때기 모양에 연결된 함으로 떨어지는 공들을 보았습니다. 공들이 자신의 자리를 찾았을 때, 함들이 움직였고 균형을 이루었습니다.

4. GCD를 얻기 위해, 위에 있는 함들로부터 공을 잡아 공에 적힌 수들을 곱하여라. LCM을 얻기 위해, 낮은 함들로부터 공을 잡아 같은 방법으로 계산하여라.

이와 같은 방법으로 그들은 다음을 구하였습니다.

$$GCD = 2 \times 3 = 6$$
$$LCM = 2 \times 2 \times 2 \times 3 \times 3 \times 5 = 360.$$

그들은 이것이 올바른 결과라는 것을 알았습니다. 이치로는 이 기계가 작동하는 방법이 알고 싶어졌습니다. 그는 자신을 미노루라고 소개한 도우미 형에게 다가갔습니다.

미노루 형은 흔쾌히 설명해 주었습니다. "너희들이 공을 깔때기 모양에 놓으면, 공들은 우선 크기에 의해 분류가 돼. 너희들도 알았겠지만, 2가 적힌 공은 3이 적힌 공보다 약간 작고, 3이 적힌 공은 5가 적힌 공보다 약간 작아. 깔때기 모양 아래에는 판이 있는데, 여기에는 공들의 크기에 맞도록 세 종류의 구멍이 있어. 구멍들은 지름이 증가하는 순서로 배열되어 있어서, 첫 번째 구멍은 2가 적힌 공만 통과할 수 있지. 그리고 두 번째 구멍은 3이 적힌 공만 통과하며, 세 번째 구멍은 5가 적힌 공만 통과해.

두 수로부터 나온 같은 크기의 공들은 시소처럼 생긴 지렛대의 양끝에 놓인 함들로 떨어져. 이때 지렛대는 작은 개수의 공이 있는 함을 위로 들어올리고, 많은 개수의 공이 있는 함을 아래로 내리게 되는 거야."

"그러면 위에 있는 함들은 두 수의 공통인 약수들을 담게 되고, 이 수들을 곱하면 GCD를 얻게 되는 것이지." 이치로는 설명을 잘 이해하며 말했습니다. "그리고 낮은 함들은 두 수에 포함되는 약수들 각각을 가능한 최대의 개수만큼 담게 돼. 그래서 이 수들의 곱은 LCM이 되는 거야." 그는 계속 말했습니다.

"와, 유익한 기계 장치네." 키노가 말했습니다. "우리 수학교실에도 이러한 기계를 하나 놓아야 해!"

자이는 궁금증이 덜 풀렸는지, "만약 약수의 종류도 같고 전체 약수의 개수도 같은 그러한 두 수를 선택하면 어떻게 되나요?" 라고 말했습니다.

"맞아, 그러면 어떻게 되지?" 이치로가 질문에 동조했습니다. "가령,

$$a = 90 = 2 \times 3 \times 3 \times 5$$
$$b = 60 = 2 \times 2 \times 3 \times 5$$

를 선택했다고 하자."

"그러면 이 약수는 GCD와 LCM에 포함될 거야." 미노루 형이 대답했습니다. "이러한 경우에, 오른쪽 함들에는 아주 작은 무게가 실리게 되고, 이들은 왼쪽 함들보다 약간 낮게 될 거야. 하지만 그 무게는 아주 작아서, 일반적인 경우에는 영향을 미치지 않을 거야."

아이들은 90과 60을 잡아서 이것을 시험해 보았습니다.

실제로 5가 하나인 오른쪽 함이 5가 하나인 왼쪽 함에 비해 약간 아래로 기울었습니다.

"결국

$$GCD = 2 \times 3 \times 5 = 30$$
$$LCM = 2 \times 2 \times 3 \times 3 \times 5 = 180$$

입니다"

이치로는 이 기계가 매우 마음에 쏙 들었습니다. 함에 있는 모든 공들을 보면서 그가 말했습니다. "수학시간에 배웠던 공식

$$a \times b = GCD \times LCM$$

을 이제 알 것 같아요."

"어떻게?" 키노가 물었습니다.

"우리가 깔때기 모양에 담은 모든 공들은 GCD 또는 LCM에 속해. 그래서 네가 GCD와 LCM을 곱하면, 처음 두 수의 곱을 얻게 되는 거야." 이치로가 설명했습니다.

미노루 형은 이 기계가 어린이들이 수학 수업을 이해하는 데에 도움이 된 것 같아 기뻤답니다. 그들은 미노루 형에게 고맙다는 인사를 하고, 다음 목적지를 향했습니다.

바움쿠헨[3], 스파게티, 그리고 수박

3 얇은 고리들이 여러 층으로 이루어진 독일의 전통 케이크.
바움(BAUM)은 나무, 쿠헨(KUCHEN)은 케이크의 의미를 가지고 있다. 단면이 나이테의 모양으로 한겹 한겹 쌓여 있는 것이 특징이다(역자 주).

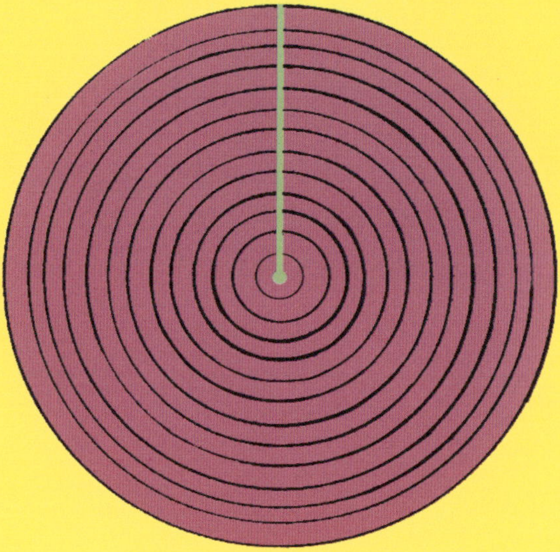

홀에는 흥미로운 물건들이 많이 있었습니다. 탁자에는 다음과 같이 적혀 있었습니다.

원의 넓이

탁자 위에는 원형의 층들로 만들어진 둥근 케이크처럼 생긴 물건이 놓여 있습니다.

"바움쿠헨!" 키노가 말했습니다.

사실 이 원형 모형은 벨크로(velcro)로 만들어져 많은 층들로 이루어져 있었습니다.

이름이 쿄코인 도우미 누나가 그들에게 다가서며 물었습니다. "너희들은 원의 넓이를 어떻게 구하는지 알고 있니?"

"아니요." 그들이 대답했습니다.

"수학 시간에 아직 그 부분까지 배우지 않았어요." 키노가 말했습니다.

"그럼 삼각형의 넓이는 어떻게 구하지?"

"아, 그것은 얼마 전에 배웠어요." 이치로가 나섰습니다.

$$\text{“}\frac{1}{2} \times \text{밑변} \times \text{높이”}$$

"맞아." 쿄코 누나가 말했습니다. "좋아, 여러분은 아직 모르는 것을 알려고 하는 자세를 항상 갖고 있어야 해."

"우리는 원을 삼각형으로 변형시킬 거야." 그녀가 말했습니다. 그녀는 바움쿠헨을 반지름을 따라 잘라서, 삼각형처럼 보이도록 만들었습니다.

"이제 원의 넓이는 이 삼각형의 넓이가 되는 것이지."

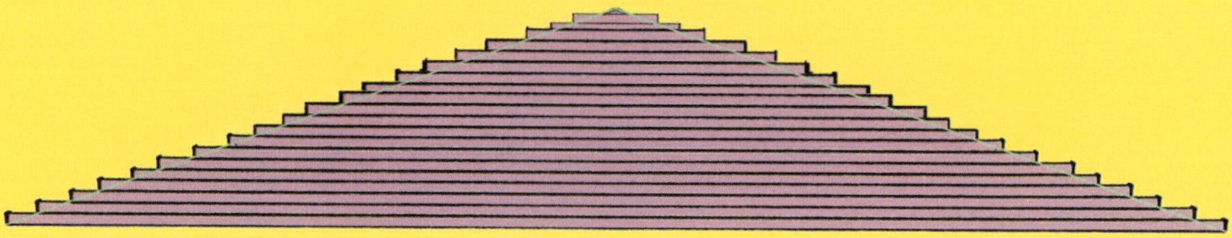

"이 삼각형의 밑변은 무엇을 의미하지?" 그녀가 물었습니다.

"그것은 원의 둘레입니다만, 우리는 원의 둘레를 구하는 공식을 알지 못해요." 자이가 말했습니다.

"자, 지금 가르쳐 줄게." 쿄코 누나가 제안했습니다. "원의 둘레는 $2\pi r$이야. 여기서 r은 원의 반지름이고 π는 그 값이 3.14에 가까운 특별한 수지."

이치로가 말했습니다. "삼각형의 높이는 원의 반지름이지요. 그래서 만약 삼각형의 밑변이 $2\pi r$이면, 넓이는 다음과 같습니다."

$$\frac{1}{2} \times 2\pi r \times r = \pi r^2$$

"좋아, 너희들이 이 공식을 기억해서 스스로 계산할 수 있으면 좋겠어."

아직 자이는 완전하게는 이해하지 못한 눈치입니다.

"이 도형이 삼각형처럼 보이지만, 변들은 삐죽삐죽해요. 이것이 차이를 만들어내지는 않을까요?" 그가 물었습니다.

"층들을 얇은 종이로 생각해 보면 도움이 될 거야." 쿄코 누나는 그들을 탁자로 데리고 가서, 설명을 위한 그림을 그리며 대답했습니다.

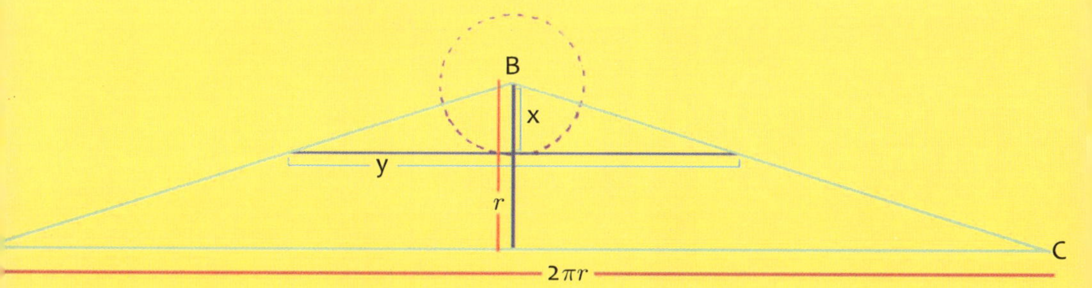

"삼각형의 밑변의 길이는 $2\pi r$이야. 이미 말했듯이 여기서 r은 처음 원의 반지름이지. 처음 원의 일부인 작은 원을 생각해 보자. 이 원의 반지름을 x라고 하면, x는 r보다 작아. 그러면 y는 그 작은 원의 둘레이며, $y=2\pi r$이고 y값은 x값에 비례하겠지. x값이 연속적으로 변하면, y값도 연속적으로 변하게 되는 거야.

그러면 AB와 BC에 있는 삐죽삐죽한 모서리들이 사라지는 거고.” 그녀가 말했습니다.

자이는 자신이 이해한다는 것을 보여주기 위해 고개를 끄덕였습니다.

다른 탁자에는 반구로 만든 모형이 놓여 있습니다. 이 반구의 표면은 얇은 플라스틱 관으로 덮여 있습니다. 이 관은 반구의 바로 아래에 놓인 두 원의 내부를 덮는 관과 연결되어 있습니다. 이 두 원은 반구와 같은 반지름을 가집니다.

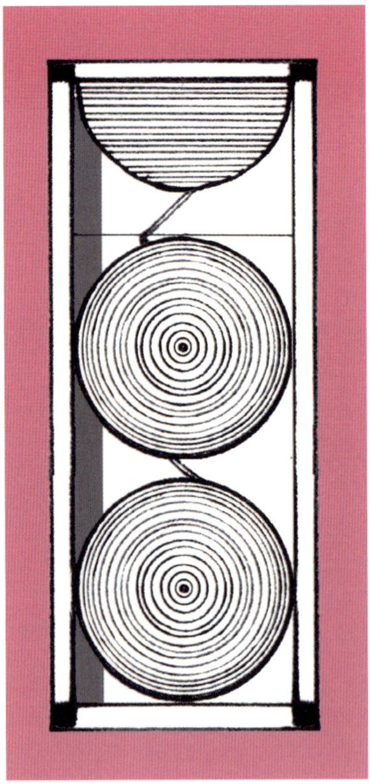

탁자에는 다음과 같은 라벨이 붙어 있습니다.

구의 겉넓이

"이것은 그릇 한 개와 스파게티 접시 두 개입니다." 키노가 농담을 했습니다.

쿄코 누나는 관에 푸른색 액체를 흘려보내, 반구의 표면이 완전히 덮이도록 하였습니다. 그런 다음 그녀는 이 액체를 두 원으로 흘려보냈습니다. 원의 내부 영역이 완전히 가득 채워졌을 때, 반구의 표면은 완전하게 비었습니다.

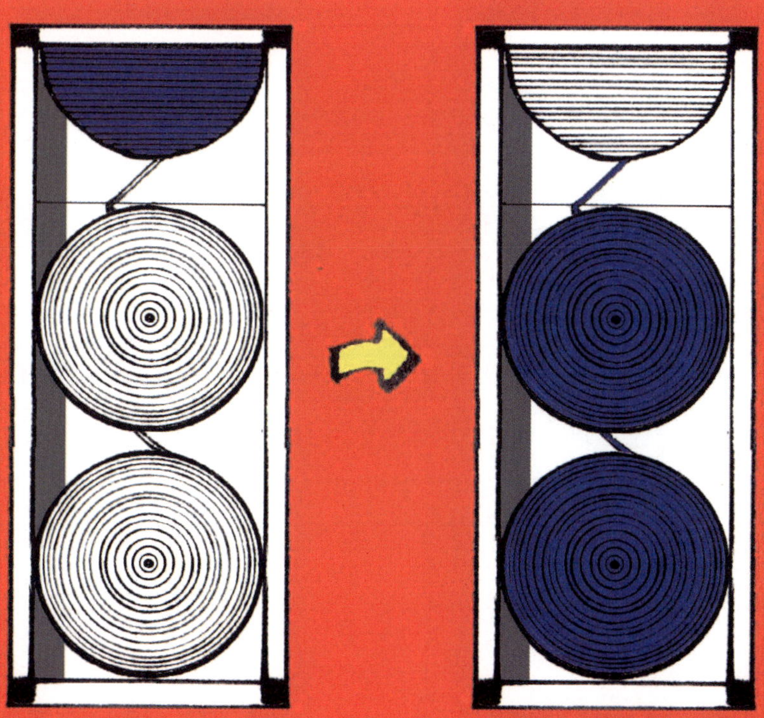

자이는 이 실험을 보면서 피타고라스 방을 떠올렸습니다.
"아~, 알았어." 자이가 나서서 말했습니다.

"반구의 겉넓이 = 2 × 원의 넓이"

"맞아, 같은 반지름을 가지기만 하면 돼."
쿄코 누나가 확인해 주었습니다.
"그래서,

구의 겉넓이 = 4 × 원의 넓이

$= 4\pi r^2$"

자이가 말을 이어갔습니다.
다음의 탁자에는 다음과 같은 라벨이 붙어 있습니다.

구의 부피

그리고 그 위에는 수박처럼 색칠된 나무 모형이 있습니다.
이치로는 수박이 각뿔 모양의 조각들로 나누어질 수 있다는 것을 발견하였습니다.
"이것은 먹기 위해 조각을 낸 거야." 키노가 말했습니다.
이치로와 자이는 그 모형을 주의깊게 바라보았습니다.
"조각들의 부피를 더하면 수박의 부피가 얻어지겠구나." 이치로가 말했습니다.

"너희들이 알아냈구나." 코코 누나가 격려하며 말했습니다. "수박을 구로 생각할 수 있고, 조각들은 높이가 구의 반지름과 같은 각뿔이지."

"하나 더 가르쳐 주세요. 우리는 각뿔의 부피를 구하는 공식도 모르거든요." 자이가 부탁했습니다.

$$\text{각뿔의 부피} = \frac{1}{3} \times \text{높이} \times \text{밑넓이}$$

그녀가 말했습니다.

"이 경우에 각 각뿔의 높이는 r이지. 그래서 다음이 성립하는 거야.

$$\text{구의 부피} = \frac{1}{3} \times r \times (\text{모든 각뿔의 밑넓이의 합})$$"

"모든 각뿔의 밑넓이의 합은 구의 겉넓이입니다." 이치로가 말했습니다.

"그리고 앞에서 그 공식을 알았습니다." 자이가 기억을 더듬으며 말했습니다. "그래서 다음이 성립합니다.

$$\text{구의 부피} = \frac{1}{3} \times r \times 4\pi r^2$$

$$= \frac{4\pi r^3}{3}$$"

이치로와 자이는 스스로의 힘으로 공식에 도달했다는 것이 기뻤습니다. 비록 토론에 공헌하지는 못했지만, 키노도 잘 들었으며, 이해할 수 있었습니다.

"바움쿠헨, 스파게티, 수박……. 이 모든 것들이 나를 배고프게 해. 점심을 먹으러 가자." 키노가 제안했습니다.

자동판매

소년들은 배가 고팠지만, 점심을 먹는 데 많은 시간을 보내고 싶지는 않았습니다.

"점심을 간단히 먹고, 전시관을 더 둘러보자." 이치로가 제안했습니다.

"우리가 무언가를 먹을 수 있는 장소가 있을까요?" 그들은 지나가는 도우미에게 물었습니다.

"저쪽으로 가세요." 그는 다음과 같이 적힌 장소를 가리켰습니다.

자동판매

그곳에는 온갖 자동판매기가 가득했습니다. 그들은 왜 이곳에 '자동판매'라고 적혀 있는지 알 수 있었습니다.

종업원이 그들에게 자동판매기를 사용하려면 토큰을 사야 한다고 말해주었습니다. 그들은 토큰을 보자 기뻐했습니다.

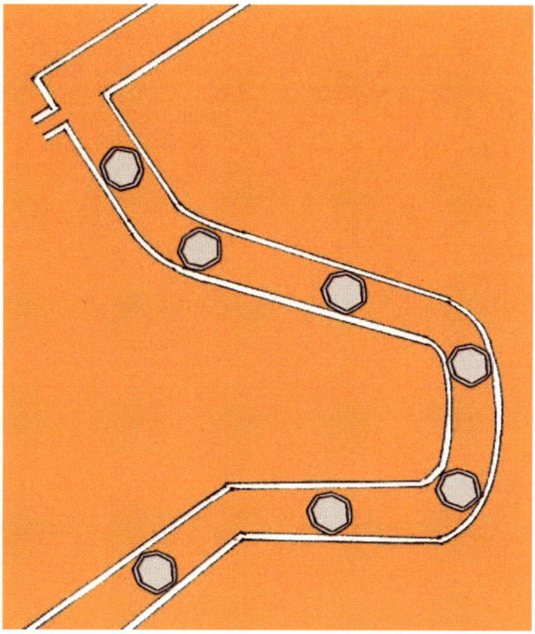

"일정한 폭을 가진 모양들!" 이치로가 말했습니다.

그들이 자동판매기로 가서 토큰을 넣었더니, 토큰이 실제로 파이프라인을 따라 아래로 이동하는 것이 보였습니다.

"토큰을 왜 이러한 모양으로 만들었을까?" 키노가 물었습니다.

"자동판매기에서 이러한 모양의 토큰들이 둥근 동전과 똑같이 사용될 수 있다는 것을 보여주기 위해서가 아닐까?" 자이가 대답했습니다.

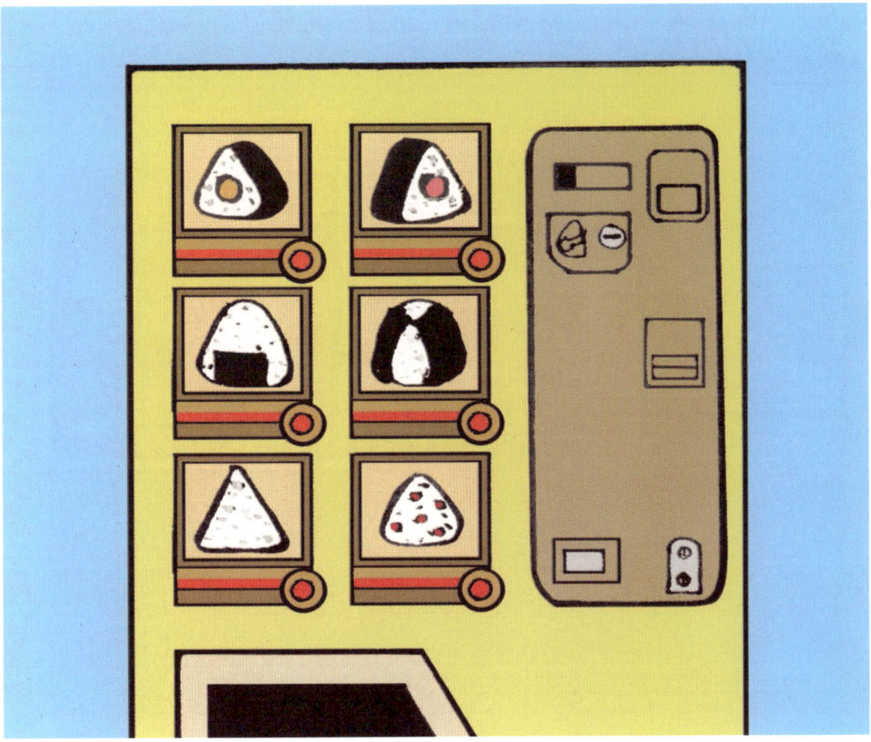

그들은 한 자동판매기에서 삼각김밥을 보았습니다.

"뚱뚱한 삼각형이네." 그들이 소리쳤습니다.

그들은 샌드위치와 음료수를 가지고 탁자로 갔습니다. 탁자에 앉아서 그들은 벽면에 걸린 포스터들을 보았습니다. 포스터에는 음식에 관련된 수학문제가 적혀 있었습니다.

그들은 음식을 먹으면서, 냅킨에 그림을 그려 첫 번째 문제에 대해 토론하기 시작했습니다.

여러분이 정사각형 모양인 작은 두 개의 피자 S와 M, 큰 피자 L 중에서 하나를 선택해야 한다면, 어떤 것을 선택하겠습니까?

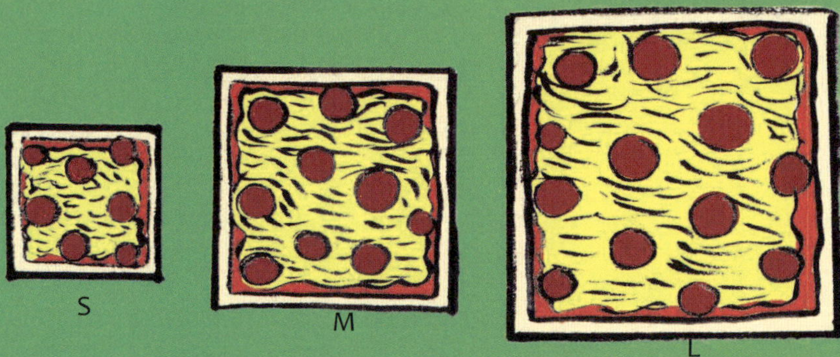

"이 정사각형들은 피타고라스 정리를 떠올리게 만들어." 키노가 말했습니다.

"맞아, 직각삼각형의 둘레를 따라 이 정사각형들을 놓고 직각삼각형의 변들에 꼭 맞는지를 확인하면 어떨까?" 이치로가 말했습니다.

이들은 결국 다음 그림과 같은 풀이를 찾았습니다.

만약

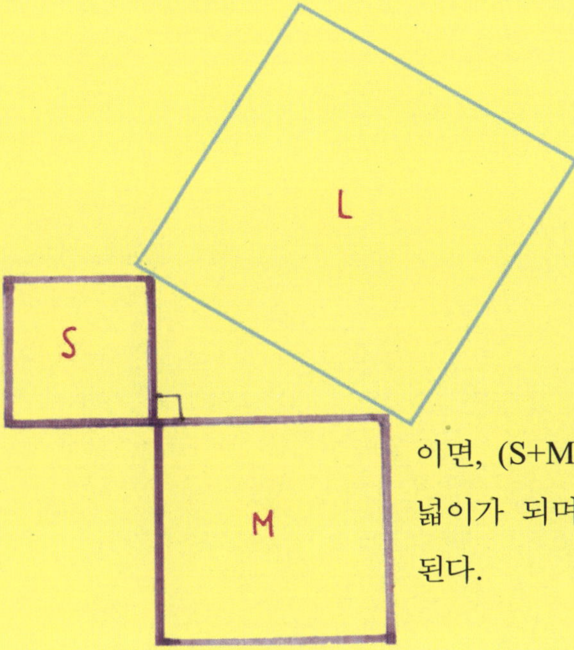

이면, (S+M)의 넓이 < L의 넓이가 되며, L을 선택하면 된다.

만약

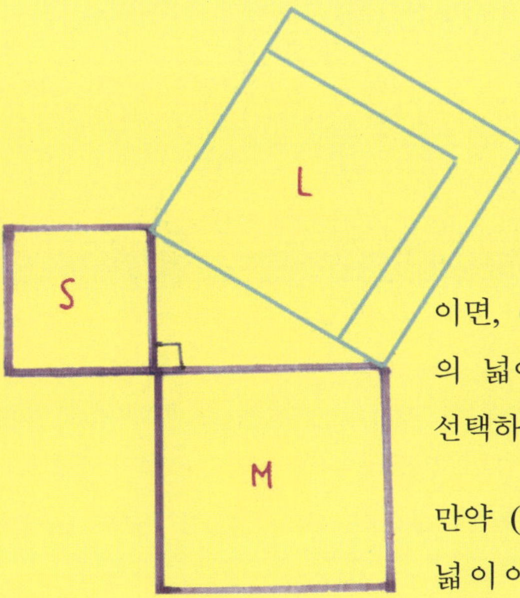

이면, (S+M)의 넓이 ≥ L의 넓이가 되며, S와 M을 선택하면 된다.

만약 (S+M)의 넓이 = L의 넓이이면, L을 선택해도 된다.

직사각형 모양의 케이크가 다음과 같은 치수를 가지고 있다.

케이크의 윗면과 옆면은 초콜릿으로 코팅되어 있다. 케이크를 부피가 같도록 세 조각으로 나누어야 한다. 이때 각 조각의 윗면은 사각형이며, 각 조각은 같은 양의 초콜릿 코팅을 가지고 있어야 한다. 어떻게 케이크를 나누어야 하는가?

벽면에 있는 많은 문제 중에서 그들은 이 문제를 선택했습니다.

"초콜릿 코팅의 양이 같도록 나누어야 한다는 것을 먼저 생각해 보자." 자이가 제안했습니다. "이것은 케이크의 둘레를 세 개의 같은 부분으로 나누어야 한다는 것을 의미해."

그들은 계산을 시작했습니다. 그들은 한 모퉁이에서부터 둘레를 나누기 시작했습니다.

$$\text{둘레} = (2 \times 45) + (2 \times 30) = 150$$

$$150 \div 3 = 50$$

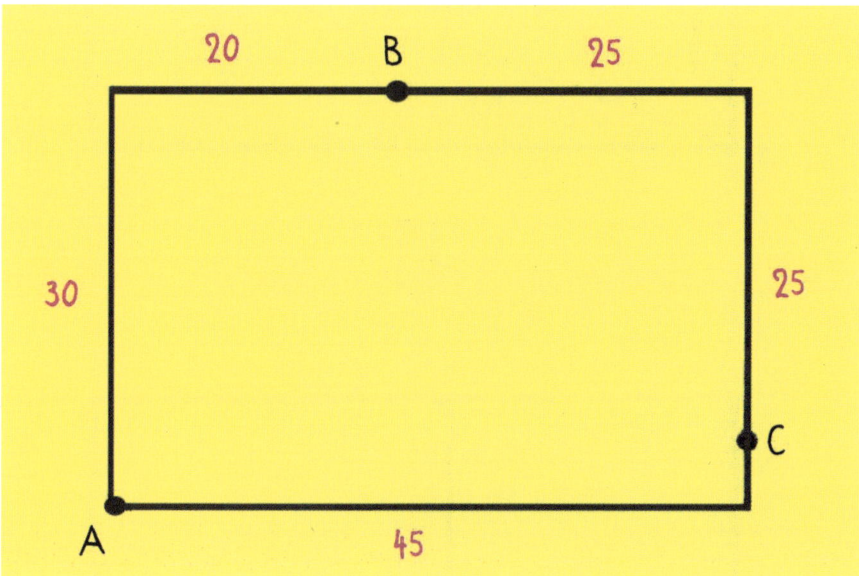

"정사각형의 넓이는 다음과 같습니다.

$$30 \times 45 = 1350$$

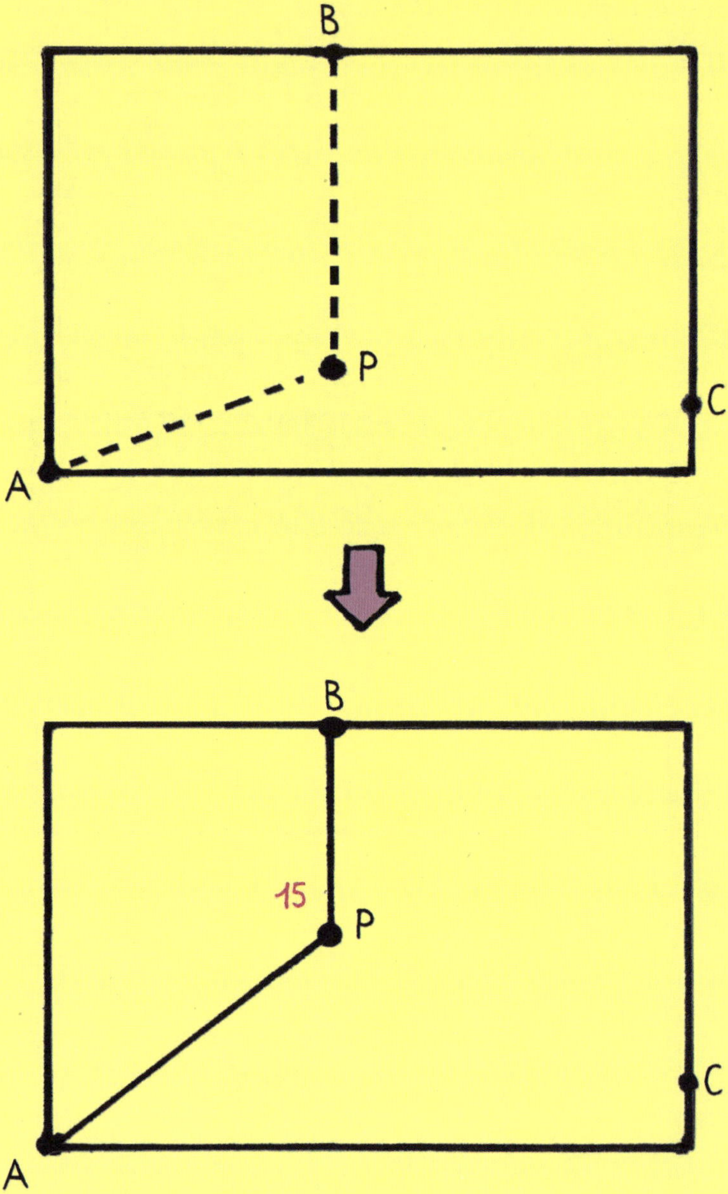
B
P
C
A
B
15
P
C
A

이때 각 조각의 윗면의 넓이는

$$1350 \div 3 = 450$$

이야.” 이치로가 말했습니다.

“초콜릿 코팅의 양이 같도록 하려면, 한 조각은 B에서 C로 가는 둘레를 포함해야 하고, 다른 조각은 C에서 A를 포함하며 나머지는 A에서 B를 포함해야 해.” 키노가 말했습니다.

“A에서 B로 가는 둘레를 포함하는 사각형을 어떻게 찾을 수 있을까?” 이치로가 물었습니다.

“다른 두 변은 사각형의 내부에 있어야 해.” 자이가 말했습니다. 그는 열심히 생각하였습니다. “어떤 종류의 사각형 넓이를 우리가 직접 구할 수 있지?” 그가 물었습니다.

“사다리꼴은 구할 수 있어.” 이치로가 말했습니다.

“그럼 시도해 보자.” 자이가 말했습니다.

그는 그림에 점 P를 찍으며 말했습니다. “사각형의 넓이가 450이 되도록 하는 점 P를 찾아야 해.”

“그래, 사다리꼴 넓이 공식을 이용하자.” 이치로가 제안했습니다.

“ $$\frac{1}{2}(b_1 + b_2)h = 450,$$

또는

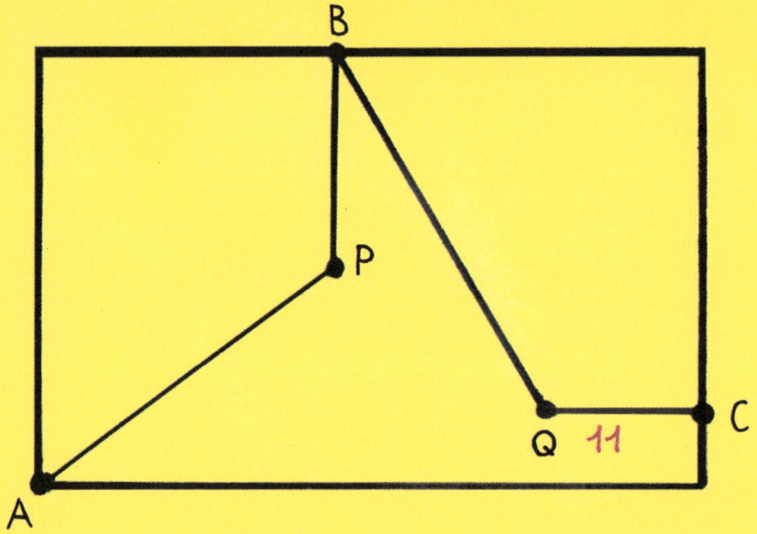
B
P
Q
11
C
A

$$\frac{1}{2}(30+b_2)20=450."$$

그들은 b_2에 대해서 풀어서 $b_2 = 15$를 얻었습니다. 이치로는 점 P를 정확한 위치로 옮겼습니다.

"똑같은 방법으로, 둘레가 B에서 C로 가는 조각을 포함하도록 사다리꼴을 작도할 수 있어." 자이가 제안했습니다.

그들은

$$\frac{1}{2}(25+b_2)25=450$$

을 이용하여 b_2=11을 구하였습니다. 그들은 그림에 점 Q를 표시했습니다.

"우리는 케이크를 부피가 같도록 세 조각으로 나누었으며, 초코릿 코팅의 양도 같게 만들었어. 그런데 세 번째 조각은 사각형 모양이 아니야." 이치로가 낙심해서 말했습니다.

그들은 더 이상 어떻게 해야 할지 몰랐습니다. 그래서 포기하려고 했습니다. 이때 키노가 자동판매기 옆에 있는 도우미 한 명을 보았습니다.

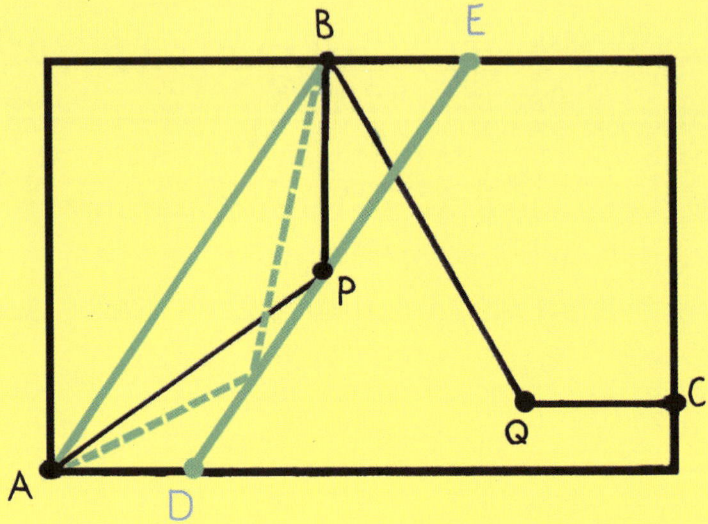

"도우미에게 도움을 요청해야지." 그가 말했습니다.

키노는 도우미 형에게 다가갔습니다. 도우미 형은 키노와 함께 탁자로 돌아와서, 문제를 설명해 주었습니다.

"나는 야스라고 해." 그가 말했습니다. "이것은 쉬운 문제가 아니야." 그는 친절한 말투로 말을 이어갔습니다. "너희들에게 필요한 것은 A에서 B로 선을 긋고, 밑변이 AB이고 높이가 삼각형 APB와 같은 삼각형들을 생각하는 거야. 그러한 삼각형들은 삼각형 APB와 넓이가 같아지지."

그는 그림에 선 AB를 긋고, AB와 평행하며 점 P를 지나는 선 DE를 그었습니다.

"너희들은 DE를 따라 어디로든 점 P를 움직일 수 있고, 넓이가 삼각형 APB와 같은 삼각형을 얻을 수 있어. 그래서 너희들은 삼각형 APB를 다른 삼각형으로 바꿀 수 있습니다" 그는 계속 말하였습니다.

"이제, 다른 사다리꼴에 대해 같은 방법을 사용해 보자." 그가 말했습니다.

이치로는 선 BC를 긋고, BC와 평행하며 점 Q를 지나는 선 FG를 그었습니다.

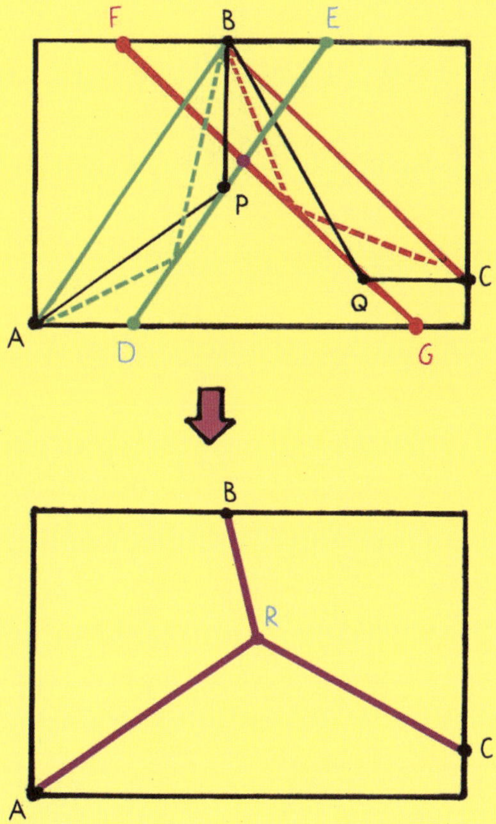

"이제 점 P를 DE를 따라 움직이며, 점 Q를 FG를 따라 움직일 수 있어." 자이가 말했습니다.

"내가 해냈어!" 이치로가 소리쳤습니다. "P와 Q를 DE와 FG의 교점인 R로 움직일 수 있어. 그러면 세 번째 조각도 사각형이 돼."

모두 환하게 웃었습니다. 야스 형은 그들을 보며 뿌듯해 했습니다.

"잘 했어." 그가 말했습니다.

"이것이 바로, 공부하는 점심이야." 키노가 재치있게 말했습니다.

자이는 포스터 중의 하나로부터 다른 문제를 베꼈습니다. 그는 이 문제를 집에서 풀기로 했습니다.

점심시간이 예상했던 것보다 길어졌습니다.

"이제 움직이자." 이치로가 말했습니다.

칼리송(calisson)은 프랑스의 과자로, 아몬드와 멜론 반죽으로 만들어진다. 각각의 조각은 두 정삼각형을 붙여 얻어진 마름모처럼 생겼다.

그림과 같이, 한 변의 길이가 1인 칼리송들을 변의 길이가 3인 육각형 모양의 박스에 넣는다고 하자.

칼리송을 박스에 넣을 때, 각 조각에 대해 세 가지 방향이 가능하다.

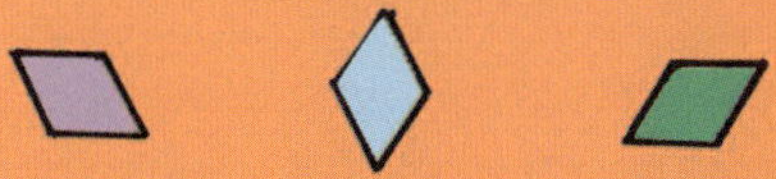

박스를 생각하면, 칼리송을 넣는 방법은 아주 많다.

칼리송들을 박스에 담는 여러 가지 방법을 살펴보자. 각각의 방법에 대해, 각 방향의 칼리송 개수를 세어 보고 비교하자. 무엇을 알 수 있는가?

원뿔의 절단

카페테리아 근처에 방이 있는데, 이 방의 입구가 이들의 주의를 끌었습니다. 플라스틱으로 된 네 개의 거대한 맞꼭지 원뿔이 서 있습니다. 그들은 각각의 원뿔이 평면에 의해 잘려진 것과 절단에 의해 만들어진 곡선들을 보았습니다. 그들 앞의 벽에는 다음과 같이 적혀있습니다.

원뿔 곡선

방 안에는 원뿔 곡선을 설명하는 포스터가 있습니다.

원뿔 곡선

원뿔 곡선은 평면과 맞꼭지 직원뿔이 만나서 생기는 곡선이다. 원뿔의 수직축을 기준으로 하여 평면이 기울어짐에 따라, 원, 타원, 포물선, 쌍곡선이 얻어진다.

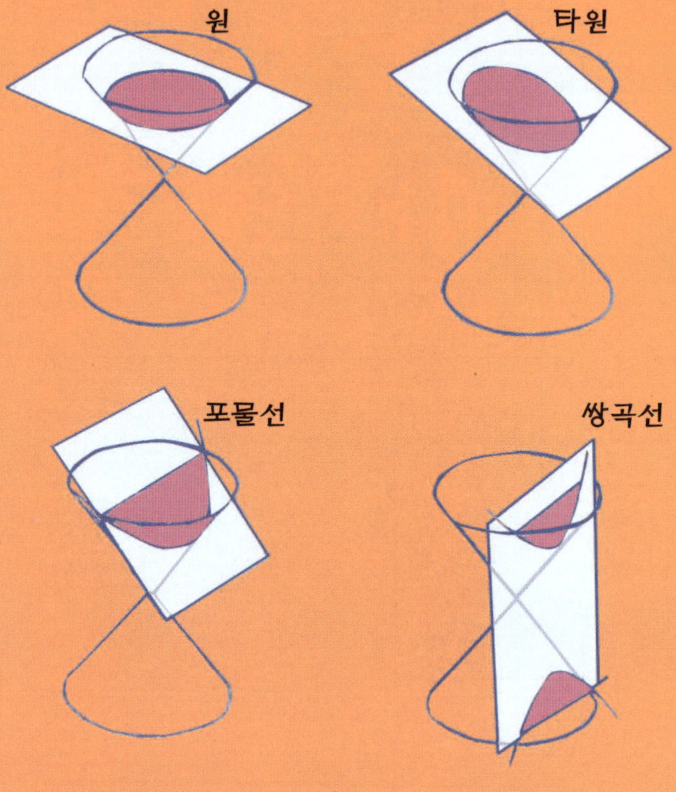

원뿔 곡선에 대한 연구는 고대 그리스의 기하학자인 유클리드(Euclid, B.C. 300년경), 아르키메데스(Archimedes, B.C.287-212), 아폴로니우스(Apollonins, B.C.260-190)까지 거슬러 올라간다.

원뿔 곡선은 고대 그리스부터 수학에서 필수적인 역할을 해왔으며, 폭넓게 활용되어 왔다. 케플러(Johannes kepler, 1571-1630)는 행성이 태양의 주변을 타원 궤도로 회전한다는 것을 발견하였다(이전에는 원 궤도로 회전한다고 믿었다). 1672년에 카세그레인(Sievr Cassegrain)은 쌍곡면 거울들과 포물면 거울들의 반사적인 성질을 이용하는 망원경을 발명하였으며, 이 망원경의 아이디어는 허블 망원경에 사용되었다. 영국의 천문학자인 핼리(Edmund Halley, 1656-1742)는 타원궤도에 대한 사실을 바탕으로 '핼리 혜성'이 76년마다 나타날 것이라고 예측하였다.

그들은 원을 제외한 곡선들 대부분을 잘 알지는 못했지만, 방에서 약간 큰 모형을 가지고 실험하거나 놀고 있는 다른 아이들을 보면서 용기를 얻었습니다.

곧 당구대처럼 보이는 곳으로 다가갔습니다. 이 탁자는 그들이 지금까지 타원으로 알고 있는 모양을 가지고 있습니다.

"이것은 여러분이 절대 패할 수 없는 당구 게임입니다." 자신을 사츠라고 소개한 도우미 형이 그들 앞으로 다가왔습니다.

"게임을 어떻게 하나요?" 키노가 물었습니다.

"타원은 초점이라고 불리는 두 개의 특별한 점이 있어. 공을 각 초점에 놓아 보자."

"이제 너희들은 누구와도 내기를 할 수 있어. 너희들이 큐(당구공을 치는 막대기 모양의 도구)로 공들 중 하나를 치면, 그 공은 다른 공과 부딪치게 돼." 사츠 형은 말을 이어갔습니다. "한번 시도해 보자."

이치로가 큐를 잡고 공을 쳤습니다. 그러자 이 공은 타원의 경계선에 부딪혀 다시 튀어 나와서 다른 공과 부딪쳤습니다.

그 다음에 키노가 했고, 자이도 해보았습니다.

“왜 이렇게 되나요?” 그들이 물었습니다.

“타원은 그 모양 때문에 특별한 반사적인 성질을 가지고 있어.” 사츠 형은 그들을 타원이 그려진 포스터로 안내하며 말했습니다.

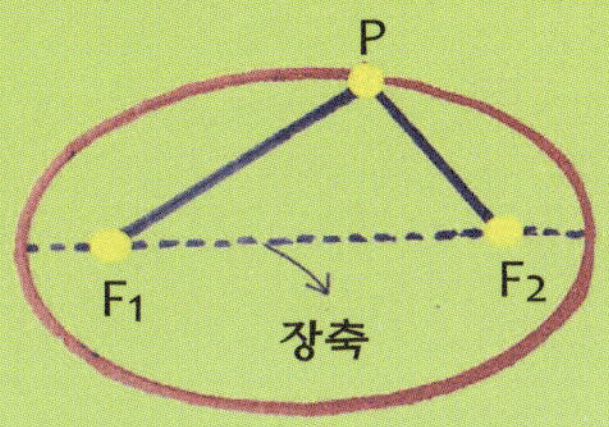

타원

평면에서 고정된 두 점 F_1, F_2를 생각하자. 타원은 이 두 점으로부터 거리의 합이 일정한 점 P로 구성된다. 이때 고정된 각 점을 초점이라고 부른다.

반사적인 성질

한 초점에서 나와 타원의 점 P로 향하는 광선은 점 P에서 반사되어 두 번째 초점을 지나는 직선을 따라 진행한다.

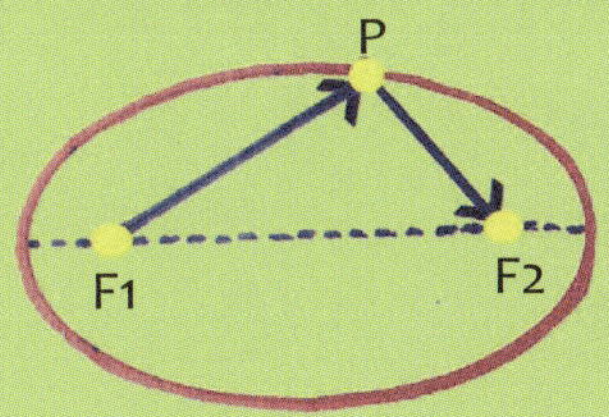

"너희들이 F_1에 있는 공을 치면, 공이 타원의 어느 위치에 부딪치든 관계없이 공은 항상 F_2로 돌아오게 돼. 다른 원뿔 곡선들도 특별한 반사적인 성질을 가지고 있어." 사츠 형이 말했습니다. "포물선의 반사적인 성질을 보여주는 모형을 함께 볼까?"

사츠 형은 그들을 탁자로 안내하여, 장난감처럼 보이는 것을 보여주었습니다. 이것은 공들을 포물선으로 알려진 곡선을 향해 쏘는 장치인데, 이때 공들은 곡선에 부딪힌 후에 항상 한 구멍으로 들어갔습니다.

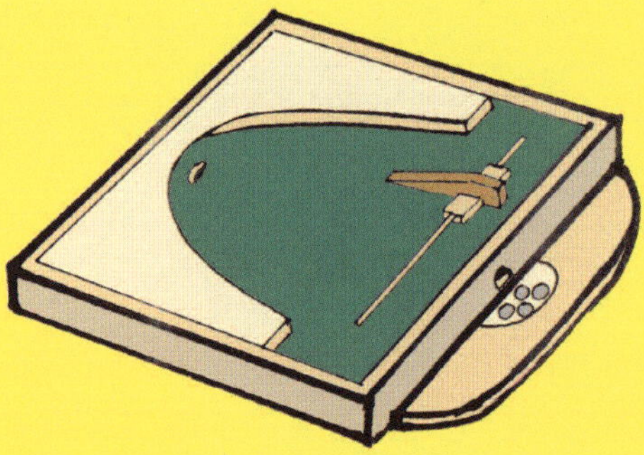

자이는 골똘히 생각했습니다. "당구 게임에서 공들이 항상 초점으로 반사되었는데 이 구멍도 초점일까?"

사츠 형은 자이가 기막힌 유추를 한 것에 대해 깜짝 놀랐습니다.

"맞아!" 그가 대답했습니다. "포물선은 초점이 하나이고, 그 구멍은 초점에 위치하지."

사츠 형은 그들에게 포물선의 포스터를 보여주었습니다.

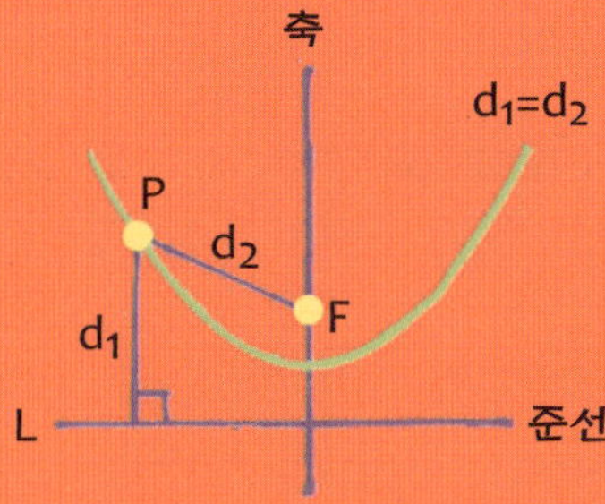

포물선

포물선은 평면에서 초점이라 불리는 정해진 점 F와 준선이라 불리는 정해진 직선 L로부터 같은 거리만큼 떨어진 점 P로 구성된다.

반사적인 성질

포물선의 대칭축과 평행하며 포물선을 향하는 광선은 포물선에 반사되어 초점으로 향한다. 만약 광원(빛이 나오는 곳)이 초점에 위치하면, 광원으로부터 나온 빛은 포물선에 반사되어 곧게 뻗어나간다.

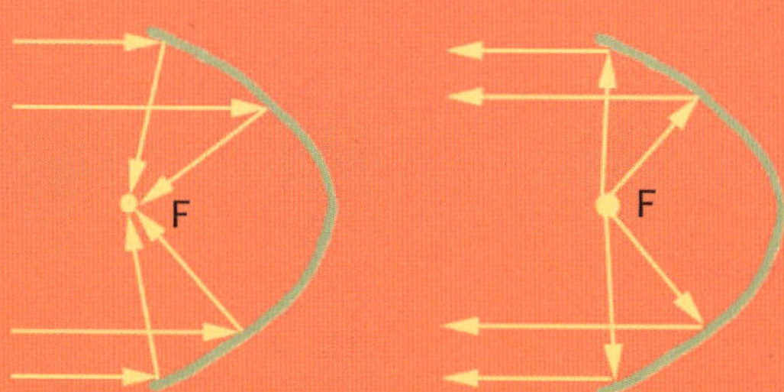

"너희들의 집에 TV시청시에 필요한 포물선 안테나가 있니?"

"예." 그들이 모두 대답했습니다.

"그래, 안테나는 포물면의 형태를 가지고 있어. 안테나는 전파를 초점에 모아서, 텔레비전이 좋은 영상과 음향을 낼 수 있도록 해주는 장치야."

그들은 텔레비전 스크린의 영상과 음향이 수학과 관련되어 있다고 생각해 본 적이 없기 때문에, 이 설명에 크게 놀랐습니다.

"포물선으로부터 포물면은 어떻게 얻어지나요?" 자이가 질문했습니다.

"축을 중심으로 포물선을 180°만큼 회전시키면 된단다." 사츠 형이 대답했습니다.

사츠 형은 그들을 포물면의 반사적 성질을 이용하는 장치로 데리고 갔습니다. 그들은 포물면 안테나, 할로겐 난방기, 자동차의 헤드라이트를 보았습니다.

바로 옆에 포물면 모양의 큰 그릇이 있습니다. 두 소년이 포물면 그릇 위에서 각각 공을 동시에 같은 높이로부터 떨어뜨렸습니다. 그랬더니 공들이 매번 같은 위치에서 부딛쳤습니다. 소년들은 한참동안 이 실험을 하였습니다. 그들은 충돌 지점이 초점이라는 것을 알았습니다.

"포물면의 성질을 보여주는 장치가 밖에 있단다. 함께 나가서 볼까?" 사츠 형이 제안했습니다.

그들은 계단을 따라 올라가 밖으로 나갔습니다. 사츠 형은 그들을 포물면이 있는 곳으로 안내했습니다. 그들은 주위를 둘러보았습니다. 여기에는 흥미로운 물건들이 많이 있었습니다.

“우리가 아직 보지 못한 것들이 많이 있네.” 키노가 말했습니다.

“안에 있는 것들을 모두 본 다음에 여기로 돌아올 수 있어.” 이치로가 말했습니다.

“만약 시간이 충분하면. 안에 아직 보지 못한 것들이 많아.” 자이가 말했습니다.

사츠 형은 그들에게 포물면을 보여주었는데, 이 포물면의 초점에는 감자가 놓여있었습니다. 그는 포물면을 조정해서, 태양 광선이 포물선의 축과 평행하게 들어오도록 하였습니다.

“잠시 후 감자가 익을 거야.” 사츠 형이 말했습니다.

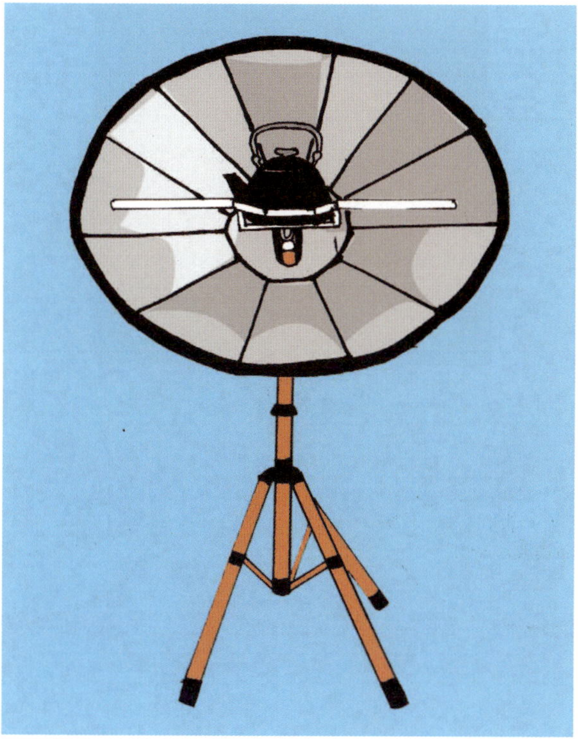

그 동안, 그는 실제로 야외에서 사용할 수 있는 조리기구를 보여주었습니다. 그것은 태양을 향하도록 조정할 수 있으며 포물면 모양의 뒷판을 가지고 있었습니다. 그리고 주전자나 프라이팬을 올려놓을 수 있는 판도 있었습니다.

"계란을 삶아보자." 사츠 형이 주전자에 물을 채워 판에 올려놓고 계란을 넣으면서 말했습니다.

이치로, 키노, 자이는 실험이 흥미로웠습니다. 잠시 후 감자 껍데기의 색이 변하고, 물도 끓기 시작했습니다.

"이것은 소풍갈 때 유용하겠네요." 키노가 말했습니다.

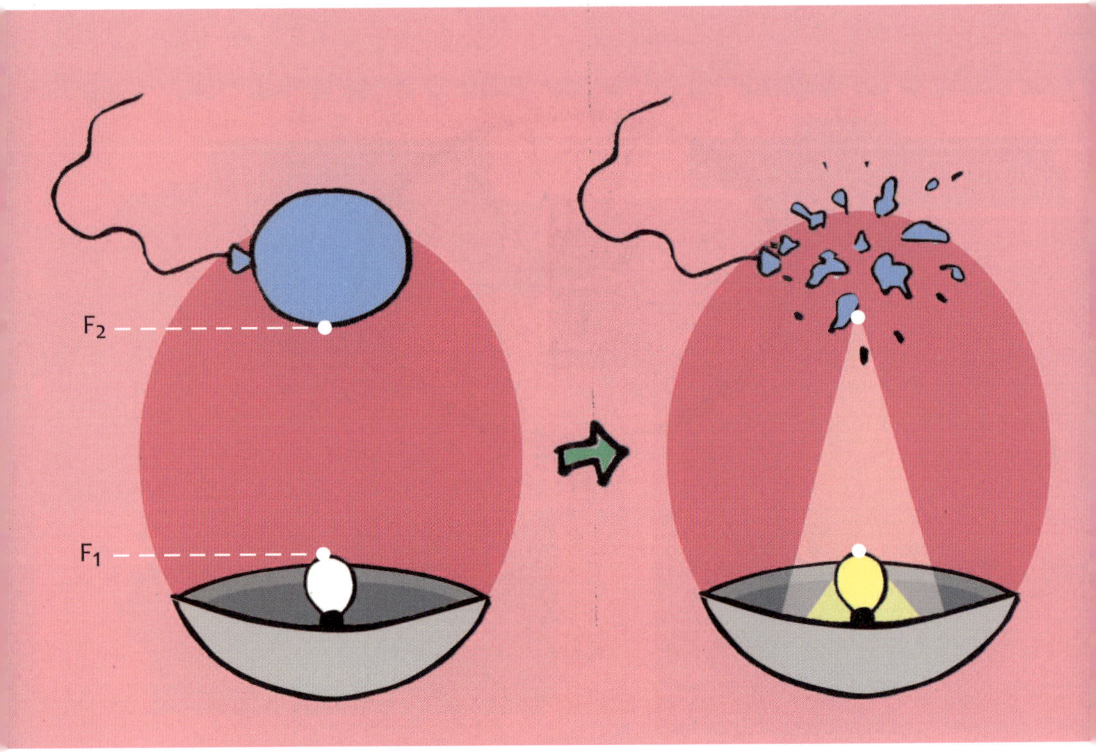

사츠 형은 그들에게 익은 감자와 삶은 계란을 주었고, 그들을 다시 원뿔 곡선 전시관으로 안내했습니다.

"이쪽으로 와." 사츠 형이 그들을 안내했습니다.

그들은 중앙에 전구가 있는 그릇을 보았습니다.

"이것은 타원면의 일부야." 사츠 형이 말했습니다. "한 초점에 전구를 놓았지."

"이게 뭐죠?" 이치로가 끼어들었습니다.

"이 풍선에 바람을 불어 넣어서, 타원의 두 번째 초점 위치에 놓아 볼래?" 사츠 형이 제안했습니다.

이치로는 그의 말대로 했습니다. 사츠 형이 전등을 켜자, 풍선이 갑자기 터졌습니다.

"왜 이런 일이 일어났는지 설명할 수 있겠니?" 사츠 형이 그들에게 질문했습니다.

"한 초점에서 나온 빛이 타원면의 아랫 부분에 반사되어 풍선이 있는 두 번째 초점으로 모아졌다고 생각해요. 그래서 빛의 열이 풍선을 터트린 것이고요." 이치로가 대답했습니다.

"맞아, 완벽해." 사츠 형이 칭찬했습니다.

"병원에서 담석을 제거하기 위해서 이 원리를 사용한다고 해." 사츠 형이 말을 이어갔습니다.

"그게 무슨 소리죠?" 그들은 사츠 형의 말을 완전히 이해하지 못하고, 다시 질문했습니다.

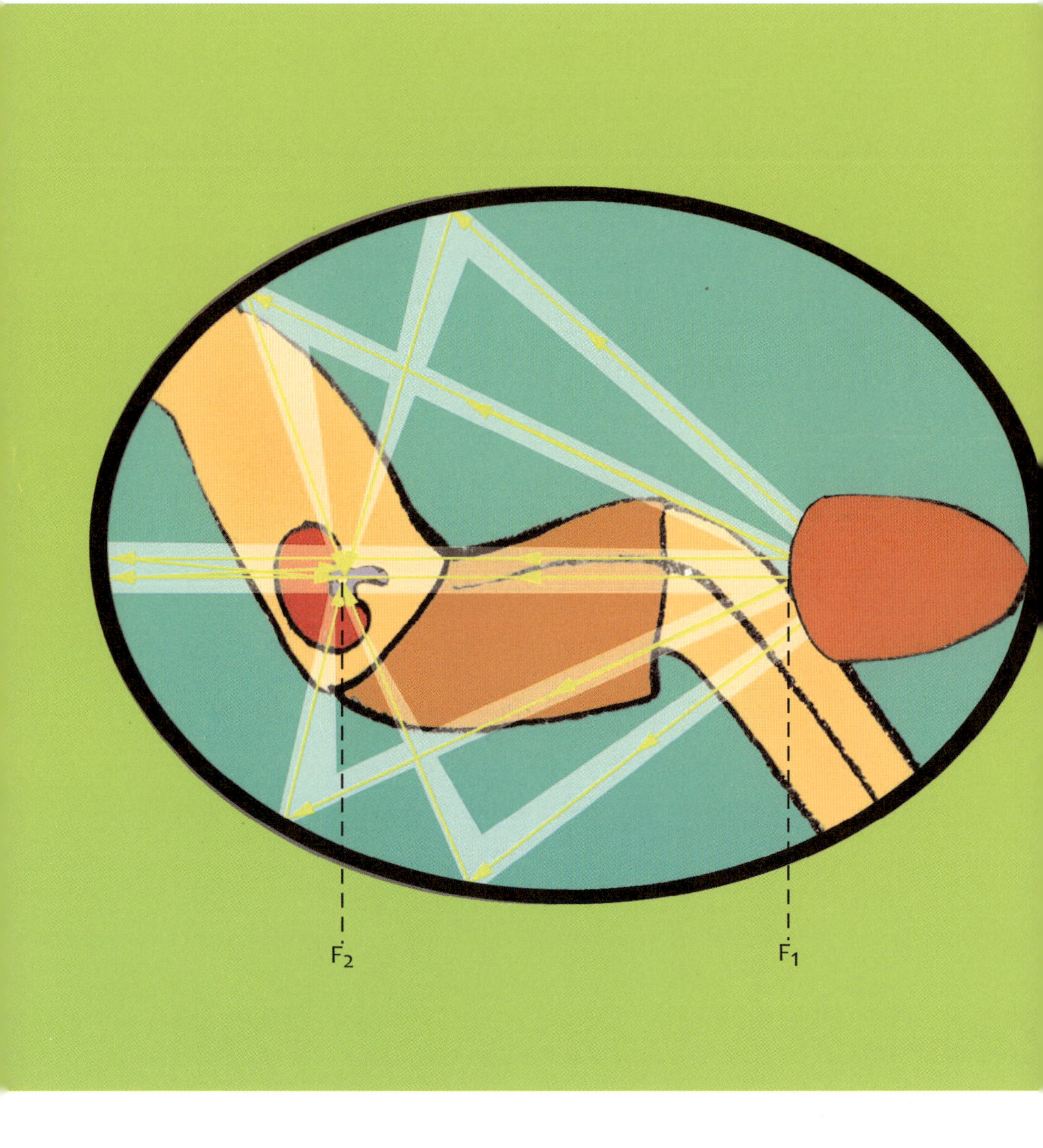
F_2
F_1

“담석은 많은 고통과 감염을 유발하지. 전에는 담석을 제거하기 위해 외과 수술을 해야 했지만, 이제는 ESWL(exracorporeal shockwave lithotripsy의 약자로, 체외의 충격파에 의한 쇄석술을 의미함)이라는 새로운 방법을 사용해.”

“와우! 무척 복잡하네요.” 키노가 말했습니다. “다시 천천히 말해주세요.”

“체외의 충격파에 의한 쇄석술” 사츠 형이 다시 말했습니다. “쇄석 장치(담석을 분쇄하는 장치)에는 타원면의 일부가 포함되어 있어. 의사는 환자를 적당한 위치에 놓아, 환자의 담석이 타원면의 한 초점에 놓이도록 하지. 그 다음 의사는 다른 초점으로부터 음파를 보내는 거야. 음파는 타원면에 반사되어 담석의 위치로 향하게 되지. 그러면 음파가 담석을 부수게 되고, 수술은 필요없게 되는 거야.”

자이는 기계 장치가 어떻게 생겼을지 상상해 보았습니다.

“그래서 의사가 되려면 수학을 잘 알아야 하는 것인가요?” 키노가 물었습니다.

“요즘에는 의사들에게 수학이 많이 필요해. 회로(networks)는 종양의 성장을 추적하기 위해 사용되고, 미분방정식은 전염병의 확산 모형을 만들기 위해 사용되지. 최근에는 엑스레이보다 더 선명한 영상을 제공해 주는 MRI라는 기계가 있는데, 이 영상들을 정확하게 해석하려면 미적분학의 지식을 알아야 하거든.” 사츠 형이 대답했습니다.

그들은 사츠 형이 어떤 종류의 수학을 말하는지는 잘 알 수 없었지만, 깊은 감명을 받았습니다.

“이것은 무엇이죠?” 이치로가 회전 모형에 흥미를 보이며 질문했습니다.

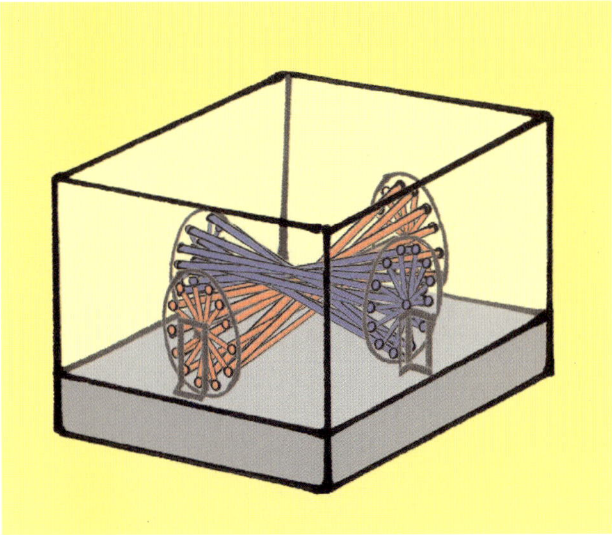

“이것은 기어들이 한 축으로부터 다른 축으로 어떻게 작동 방향을 바꾸는지를 보여주는 모형이야. 자동차나 다른 기계장치에 사용되는 몇몇 기어들은 쌍곡면체를 기반으로 하지. 여기에 두 개의 쌍곡면체가 있는데, 이들은 서로 직선을 따라 접해. 하나의 기어가 축을 따라 회전하면, 다른 기어는 한 방향에서 다른 방향으로 작동 방향이 바뀌어 축을 따라 회전하게 되는 거지.” 사츠 형이 설명하였습니다.

바로 옆에 쌍곡선의 포스터가 있습니다.

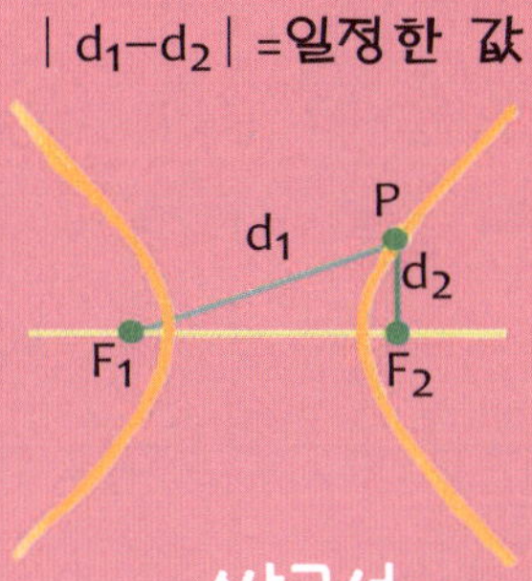

쌍곡선

쌍곡선은 평면의 정해진 두 점 F_1, F_2으로부터 점 P까지의 거리의 차의 절댓값이 일정한 점들 P로 이루어진다.

반사적인 성질

한 초점에서 나온 광선은 마치 다른 초점에서 나온 광선처럼 쌍곡선에 반사된다.

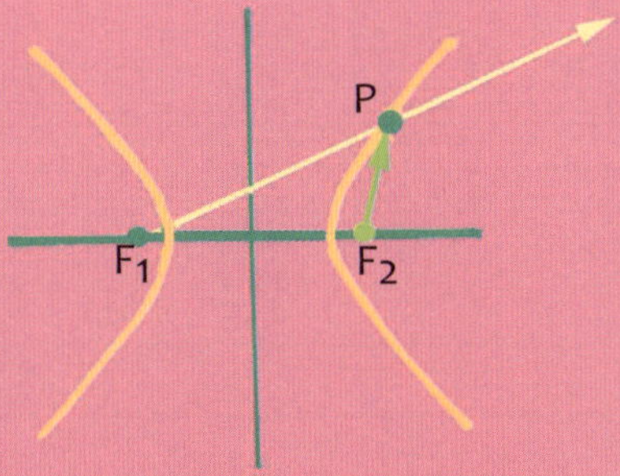

“형, 고마워요.” 그들은 감사의 말을 하고, 다른 곳을 향했습니다.

“밖으로 나가서 다른 모형들을 보자.” 키노가 제안하였습니다.

“아직 2층에 있는 물건들도 다 보지 못했어.” 이치로가 반대했습니다.

“다른 날에 언제든 다시 올 수 있어.” 자이가 말했습니다. “그래, 2층을 살펴보자.”

“그래.” 키노가 말했습니다.

그들은 계단을 따라 2층으로 올라갔습니다.

종이 비틀기

이치로, 키노, 자이는 2층의 뒤쪽에 있는 방을 보았습니다. 그 방에는 어린이들이 테이블 둘레에 앉아서 종이를 자르고 풀을 바르고 있었습니다. 그들은 이러한 것에 별로 관심을 가지지는 않았지만, 다른 아이들은 진지하게 몰두하며 즐거워 하는 것처럼 보였습니다. 그래서 그들은 문 옆에서 더 지켜보기로 했습니다.

도우미들 중 한 명인 토시 형이 그들을 보고, 함께 하자고 말했습니다.

"여기에 앉아." 그는 텅 빈 의자가 있는 테이블을 가리키며 말했습니다.

"자, 함께 시작해 보자." 토시는 소년들의 주의를 집중시키면서 말했습니다.

그는 종이로 만든 것을 집어들었습니다. "이것은 종이 한 장으로 만든 것이야. 너희들은 이것을 그대로 만들 수 있겠니?"

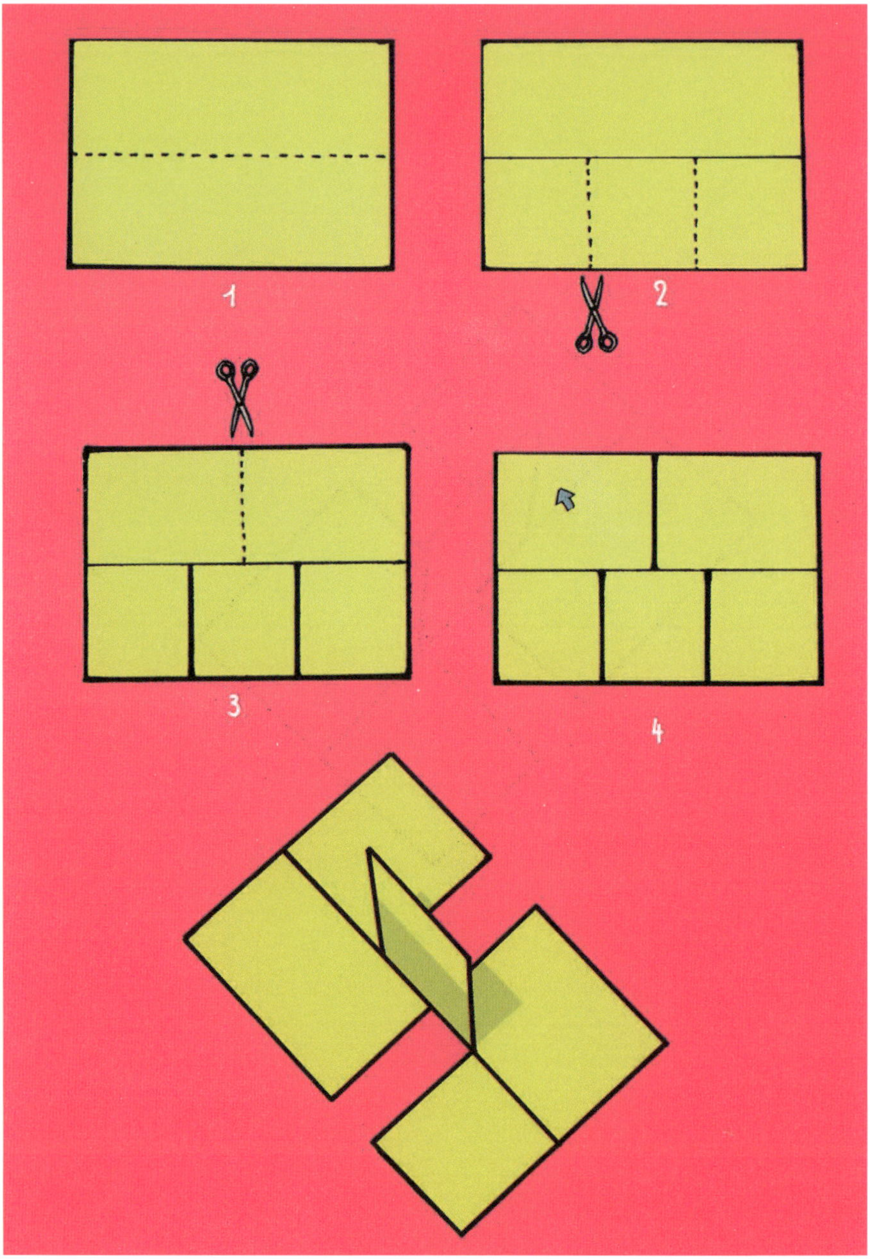
1
2
3
4

"이건 쉽지 않겠는데요." 키노가 말했습니다.

이치로와 자이는 모형을 예리하게 바라보았습니다. 자이는 트릭을 바로 간파했고, 이치로는 오랫동안 바라보다가 결국에는 알아냈습니다. 다른 많은 아이들처럼, 키노는 무엇을 해야 할지를 알지 못했습니다.

"먼저 종이를 세로로 길게 반으로 접어. 그리고 한 부분을 삼등분하여 접은 다음, 이 삼등분선을 따라 접힌 곳까지 잘라. 그 다음 다른 부분은 이등분하여 접고, 이 이등분선을 따라 접힌 곳까지 잘라. 그런 다음 이등분선을 따라 자른 곳을 180°만큼 회전시키면, 원하는 모양을 얻을 수 있어." 자이가 설명하였습니다.

자이가 설명하는 동안 이치로는 인내심 있게 키노에게 그 방법을 보여주었습니다.

토시 형은 테이블 둘레를 돌면서 아이들이 어떻게 하는지 관찰했고, 힌트를 주면서 완성할 수 있도록 도와주었습니다.

"이것 말고도 종이 비틀기를 이용하여 놀라운 것들을 많이 만들 수 있어." 그가 말했습니다.

그는 한 면은 노란색이고 다른 면은 오렌지 색인 종이띠를 집어 들었습니다. "이 종이띠를 절반만 비틀어 양 끝을 붙일 거야."

"너희들이 믿든 그렇지 않든 간에, 이 띠는 오직 한 면만을 가지는 것이지." 그가 말했습니다.

"한 면이라고 했어?" 키노가 친구들에게 물었습니다.

"뭐라고 했는지 다시 설명해 주세요." 이치로가 토시 형에게 부탁했습니다.

"이리 와서 내가 하는 것을 도와줄래?" 토시 형이 이치로에게 말했습니다.

"출발점을 표면의 어디에든 찍어봐. 그런 다음 이 점으로부터 띠의 표면을 따라 선을 그어볼래?" 그가 이치로에게 부탁했습니다.

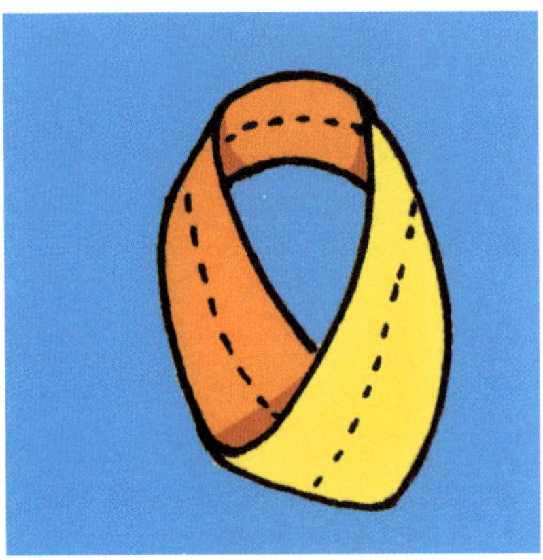

이치로는 그의 말대로 했습니다. 결국 이치로가 그은 선은 출발점으로 돌아왔습니다. 표면을 보니 선은 표면의 노란색 부분, 오렌지 색 부분을 모두 통과하였습니다.

이것을 보자 방에 있는 모든 아이들은 흥분에 들떠 웅성웅성 거렸습니다.

"이런 종이 띠를 뫼비우스 띠라고 불러." 토시 형이 말했습니다. "방금 전 보았던 이 성질 때문에, 사람들은 컨베이어 벨트에 뫼비우스 띠를 이용하지. 뫼비우스 벨트의 마모율은 일반적인 원형 벨트의 절반 정도밖에 되지 않으니까."

"뫼비우스 띠를 가지고 지금 하려는 것을 본다면, 너희들은 더 놀랄 거야." 토시 형이 말했습니다.

아이들은 기대에 찬 눈빛이었습니다.

토시 형은 준비된 뫼비우스띠를 잡아 들고, 뫼비우스 띠의 가로폭을 두 부분으로 나누는 선을 따라 띠를 길이 방향으로 자르기 시작했습니다.

"어떤 형태가 얻어질지 추측해 보자." 그는 아이들에게 말했습니다.

"폭이 처음 뫼비우스 띠의 절반인 두 개의 뫼비우스 띠가 생길 것 같아요." 어떤 여자아이가 용기있게 대답했습니다.

토시 형은 자르는 모습을 보여주면서 계속 잘랐고, 결국 절반 비틀기를 두 번 시행한 하나의 긴 띠가 얻어졌습니다. 아이들은 이것이 믿어지지 않았으며, 일제히 박수를 쳤습니다.

다른 도우미들은 종이띠, 연필, 풀, 가위를 아이들에게 나누어주기 시작했습니다.

"이제 너희들이 뫼비우스 띠를 직접 만들어 볼 차례야. 그런 다음, 길이 방향을 따라 띠에 평행한 두 개의 선을 긋고, 선들을 따라 잘라봐. 무엇이 얻어지는지 확인해 보도록 하자." 토시 형이 아이들에게 말했습니다.

"아마 세 번 비틀기 한 하나의 긴 띠를 얻게 될 것 같아요." 이치로가 추측했습니다.

아이들이 활동하는 동안, 방 안은 조용했습니다. 얼마 후, 그들이 띠를 자른 다음 놀람과 즐거움의 탄성이 들렸습니다.

키노는 서로 꼬인 두 개의 뫼비우스띠를 얻었습니다. 이때 짧은 띠는 절반 비틀기가 한 번 시행된 것이고, 긴 띠는 절반 비틀기가 두 번 시행된 것이었지요.

"정말로 신기하네요." 자이가 말했습니다. "세 번 자르기나 네 번 자르기를 하면 어떻게 되나요?"

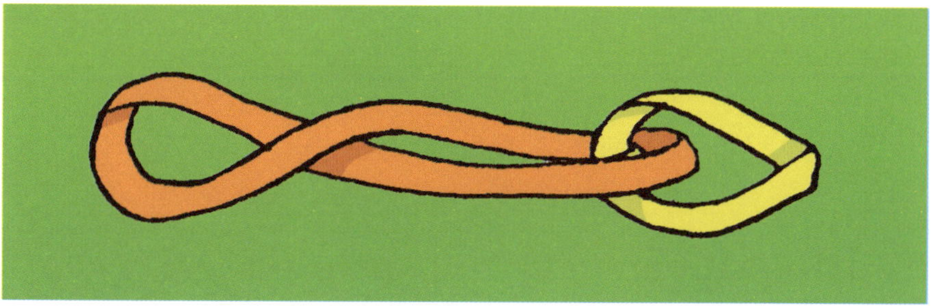

"집으로 돌아가서 직접 해 보도록 해. 가능하다면 규칙성도 찾아보고……." 토시 형이 말했습니다.

그들은 호기심으로 가득찾고, 나중에 꼭 해보기로 결심했습니다. 자이는 머릿속 메모장에 뫼비우스 띠, 세 번 자르기, 네 번 자르기를 적었습니다.

이제 토시 형은 두 개의 둥근 띠를 잡아 들고, 이들을 서로 수직이 되도록 놓았습니다. 그리고 이들을 서로 붙였습니다. 이들 띠에는 띠의 폭을 두 부분으로 나누는 선이 길이를 따라 그려져 있었습니다.

"누가 선을 따라 띠를 잘라 볼까?" 토시 형이 말했습니다. "다른 사람들은 자른 결과가 어떻게 될지 추측해 보도록 하자."

키노가 띠를 자르겠다고 자원했습니다.

“아마 처음 띠보다 폭이 절반인 원형의 띠 하나가 얻어질 것 같아요.” 이치로가 말했습니다.

“저도 그렇게 생각해요.” 자이가 말했습니다.

그들 모두는 키노가 자르는 것을 바라보았습니다. 그가 잘랐을 때, 사진틀과 같은 정사각형 모양이 얻어진 것을 보고 모두 놀랐습니다.

“어떻게 저런 일이 일어날 수 있어요?” 이치로가 물었습니다.

토시 형은 자르지 않은 수직으로 붙은 원형 띠들을 들었습니다.

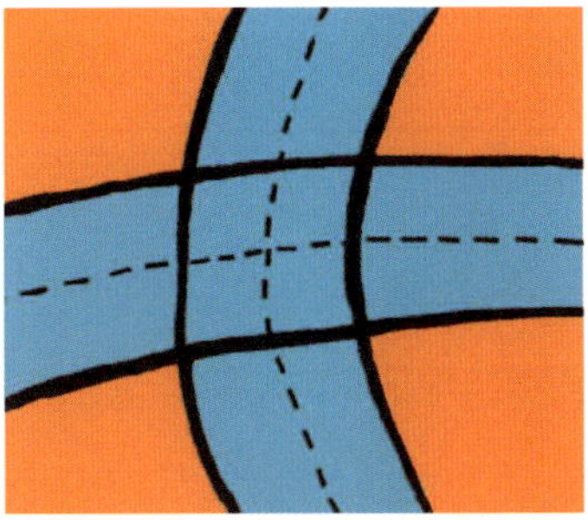

"사진틀의 귀퉁이들은 원형 띠의 교차 부분에서 생기는 것이야." 그가 말했습니다.

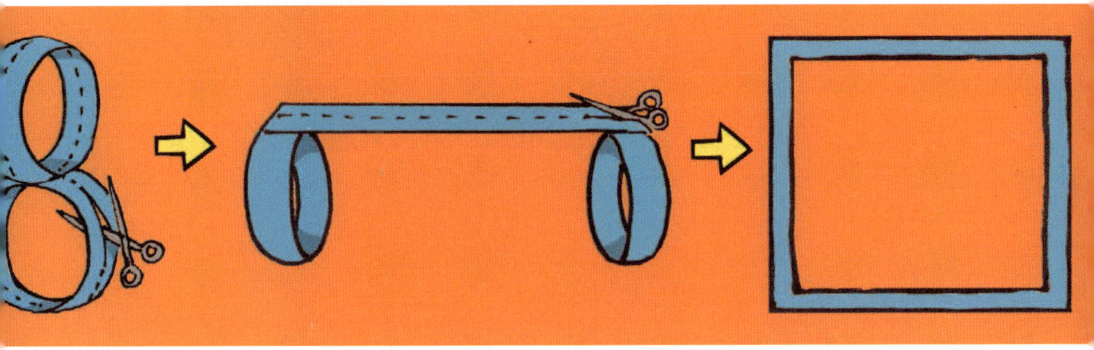

그런 다음, 그는 자르는 것을 천천히 다시 보여주었습니다.

토시 형은 다음의 실험을 이야기했고, 자이와 이치로는 방금 전의 결과에 대해 계속 이야기하였습니다.

“여기에 서로 수직으로 붙어 있는 두 개의 뫼비우스 띠가 있어.” 토시 형이 말했습니다.

그들은 띠의 폭을 이등분하면서 길이 방향으로 길게 그어진 선들을 보았습니다.

“이 선들을 따라 자르면 무엇을 얻게 될까?” 그가 물었습니다.

아이들은 뭐라고 대답해야 할 줄 몰랐습니다. 방금 전의 놀라운 실험 결과를 접한 후에, 그들은 예측하는 것조차 두렵게 생각되었습니다. 그러나 그들은 활동을 시작할 만반의 준비가 되어 있었습니다.

다른 도우미들은 토시 형이 가지고 있는 것과 비슷한 모형을 아이들에게 하나씩 나누어 주었습니다. 그들은 재빨리 시작하였고, 무엇을 얻게 될까 하는 호기심이 가득 찼습니다.

이치로는 하트처럼 생긴 두 개의 꼬인 띠를 만들었고, 키노와 자이는 하트처럼 생긴 두 개의 서로 떨어진 띠를 만들었습니다.

다른 아이들과 마찬가지로 이치로, 키노, 자이는 놀랍고 어리둥절해 했습니다.

키노는 모두에게 질문을 던졌습니다. "어떤 이유로 누구는 서로 꼬인 하트가 얻어졌고, 누구는 서로 떨어진 하트가 얻어졌을까?"

“아주 좋은 질문이야.” 토시 형이 말했습니다. “이제 수학자처럼 생각하게 되었구나. 수학자들은 관찰하고, 질문하고, 실험을 하지.”

“이제 너희들 스스로가 그 답을 찾을 수 있을 거야.” 토시 형이 말했습니다.

그는 아이들을 두 모임으로 나누었습니다. 첫 번째 모임의 어린이들에게는 같은 방향으로 비틀린 두 개의 뫼비우스 띠를 만들어서 이들을 수직이 되도록 붙인 후에 앞에서와 같이 자르도록 하였습니다. 두 번째 모임의 어린이들에게는 서로 다른 방향으로 비틀린 두 개의 뫼비우스 띠를 만들어서 수직이 되도록 붙인 다음 자르도록 하였습니다.

몇 분이 지난 후 토시 형이 질문했습니다. “어느 모임에서 서로 꼬인 하트를 만들었지?”

“두 번째 모임이요.” 아이들이 말했습니다.

토시 형이 정리하여 말했습니다. “서로 꼬인 하트를 얻으려면, 서로 반대 방향으로 비틀린 뫼비우스 띠가 필요해. 그리고 떨어진 하트를 얻으려면, 같은 방향으로 비틀린 뫼비우스 띠가 필요하지.”

아이들은 완전히 넋이 나간 듯 바라보았습니다. “더 남은 것이 있나요?” 그들이 물었습니다.

“너희들이 집에서 할 수 있는 문제를 하나 내볼게.” 도우미들이 다음과 같은 종이를 한 장씩 나누어 주었습니다.

종이로 크게 '' 모양을 만듭니다. 수평 부분을 A라 부르고 수직 부분을 B라고 부릅니다. A의 길이 방향을 따라 폭을 이등분하는 선을 긋습니다.

B의 길이 방향을 따라 폭을 삼등분하는 선들을 긋습니다. A의 양끝을 비틀림 없이 붙입니다. B의 한 끝을 반만 비틀기 하여, B의 다른 끝과 붙입니다.

B를 삼등분하는 선들을 따라 자르고, A를 이등분하는 선을 따라 자릅니다.

무엇이 얻어집니까?

토시 형은 다른 아이들을 맞이하기 위해 이동했습니다.

접기와 자르기

아이들은 다음 방으로 이동했고, 다른 도우미가 다가왔습니다.

"나는 유지라고 해." 그가 말했습니다. "너희들은 토시와 함께 종이 비틀기를 하여 놀라운 결과를 얻었을 거야. 이제 너희들에게 종이접기를 이용하여 더 놀라운 결과를 보여주려고 해."

유지는 4 × 4인 크기의 체스판처럼 생긴 종이를 집어 들었습니다. "나는 이 종이를 접어서 가위로 한 번 잘라서, 검은 정사각형들이 떨어져 나가도록 할 거야."

그는 체스판 모양의 종이를 몇 번 접은 다음 잘랐습니다. 그랬더니 아니나 다를까 모든 검은 정사각형들이 잘려져 나갔습니다.

아이들은 감탄하며 박수를 쳤습니다. 그들은 깜짝 놀라 눈을 크게 떴습니다.

"먼저 하는 사람에게는 더 단순한 종이를 자를 수 있도록 줄게." 그가 말했습니다.

도우미들은 검은 정사각형이 하나 있는 종이를 그들에게 주었습니다.

"가위로 한 번 잘라서 검은 정사각형을 떼어낼 수 있도록 종이를 접어봐." 유지 형이 말했습니다.

소년들은 이 문제가 쉽다는 것을 알고는 모두 기분이 좋았습니다. 이 문제의 풀이는 다음과 같습니다.

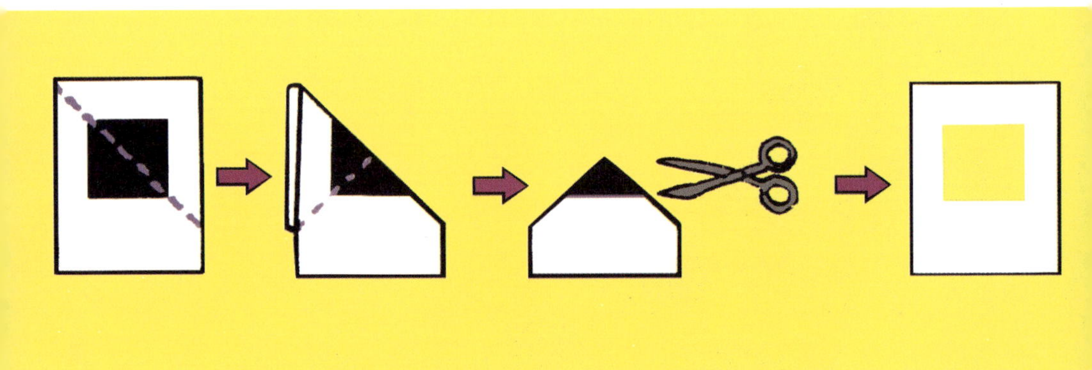

"너희들이 풀어본 내용을 토론해 보자." 유지 형이 말했습니다. "문제 풀이를 위한 너희들의 전략은 무엇이었니?"

"검은 정사각형의 테두리에 있는 모든 꼭짓점들이 한 직선에 놓이도록 하는 것이요." 키노가 말했습니다.

"꼭짓점들이 한 직선에 놓이도록 하려면, 각들을 이등분해야 한다는 것을 알고 있었니?" 유지 형이 질문하였습니다.

그들은 자신들의 풀이를 다시 살펴보았습니다.

"우리는 이등분을 두 번 했어요." 이치로가 말했습니다.

"일반적으로 이등분하는 것은 문제풀이 전략의 일부야." 유지 형이 말했습니다. "여기서 너희들이 주의해야 할 것이 있어. 검은 정사각형의 경계선들이 정확히 절단선을 따라 놓이도록 해야 해."

그는 어린이들에게 다른 문제를 풀도록 했습니다. 다른 도우미들은 삼각형이 그려진 종이를 나누어 주었습니다.

아이들은 이 문제와 씨름했습니다. 이 삼각형은 이등변삼각형도 아니고 정삼각형도 아니었습니다. 그래서 이 문제는 첫 번째 문제처럼 단순하게 해결되지 않았습니다.

"이번에는 경계선들이 한 직선에 놓이도록 하는 것이 그리 쉽지 않네요." 키노가 말했습니다.

"각들을 이등분해야 하지 않을까요?" 이치로가 제안했습니다.

그는 각의 이등분선을 따라 접었고, 곧바로 정답을 얻을 수 있었습니다.

"내가 찾은 것 좀 봐." 그는 친구들에게 말했습니다.

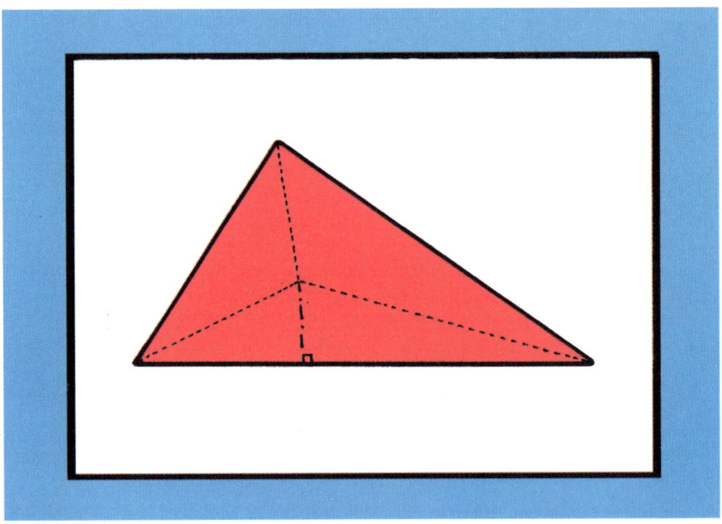

그들은 그의 종이를 살펴보았고, 네 번째 접기가 각의 이등분선들의 교점으로부터 삼각형의 한 변에 그은 수선을 따라 이루어졌다는 것을 알아냈습니다.

"좋아." 자이가 말했습니다. "네 번째 접기가 다른 변에 대한 수선을 따라 이루어졌는데도, 이것이 성립할까?"

그들은 다른 두 변을 이용하여 이것을 시도하였고, 그러한 접기가 유일하지 않다는 것을 발견하였습니다.

이들을 바라보다가 유지 형이 말했습니다. "너희들은 이제 수학에 올바르게 접근하고 있어. 너희들의 참신한 문제 제기와 대안을 찾는 과정은 창의적 사고력을 키워 줄거야."

그들은 칭찬에 기뻐했습니다.

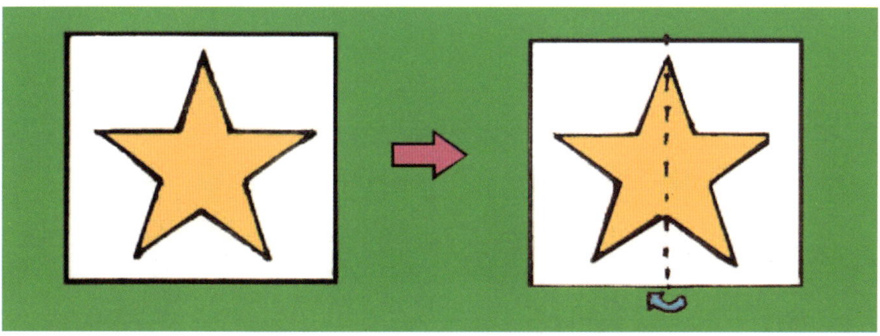

"이것을 한 번 시도해 보자." 유지 형은 그들에게 오각별이 있는 종이를 주면서 말했습니다.

그들은 이 문제를 함께 풀어보기로 하였습니다.

"좋아. 어떤 아이디어라도 좋으니 떠오르는 사람은 말해 봐." 이치로가 친구들에게 말했습니다.

"오각별에서 맨 꼭대기의 각의 이등분선을 접어서, 양쪽의 경계선들이 서로 겹치도록 해야 한다고 생각해." 자이가 제안하였습니다.

그들은 접혀진 종이를 잠시 바라보았습니다.

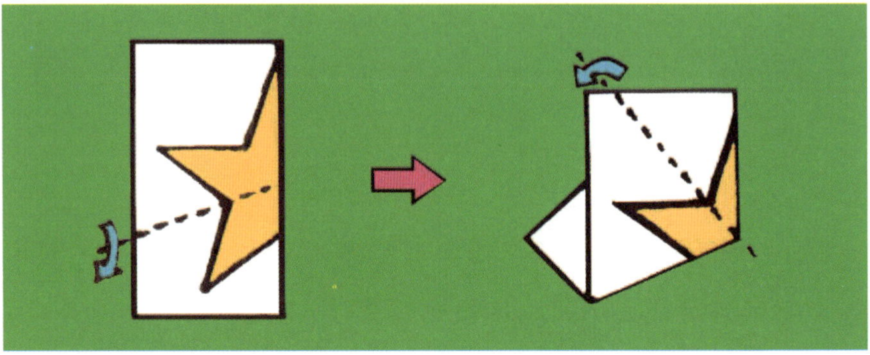

“알았어, 알았어.” 이치로가 흥분하여 말했습니다. “만약 그렇게 접으면, 두 반직선이 겹쳐질 수 있어”

그는 종이를 잡아, 그렇게 접었습니다.

“그러면 두 번의 접기를 통해 세 개의 선을 겹쳐지게 할 수 있어.” 자이가 말을 이어갔습니다.

키노가 가위로 종이를 잘랐고, 종이에서 별이 잘려져 나갔습니다.

"우리가 해냈어!" 그들은 자신들의 결과를 유지 형에게 보여주었습니다.

"잘 했어." 유지 형이 말했습니다.

다른 아이들은 존경과 선망의 눈초리로 그들을 바라보았지요.

"다른 문제도 풀 준비가 되었니?" 유지 형이 물었습니다.

"예." 그들이 대답했습니다.

그는 아이들에게 옛날 일본의 깃발처럼 생긴 모양이 그려진 종이를 주었습니다.

그들은 이전보다 오랜 시간이 걸렸지만, 결국 풀이를 찾았습니다. 그들은 매우 만족하였습니다.

이것이 그들의 풀이입니다.

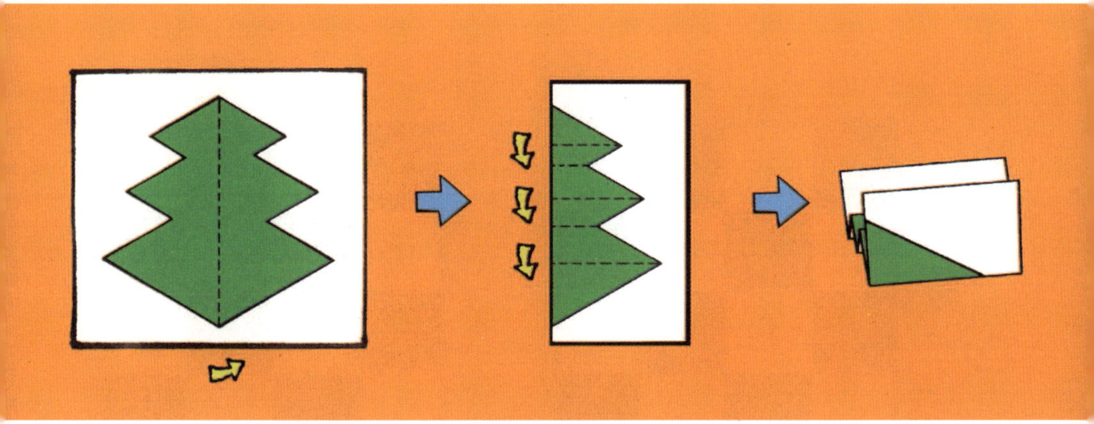

유지 형은 그들에게 집에서 풀어보도록 한 문제를 내주었습니다. 사다리꼴이 그려진 종이를 그들에게 주었습니다.

모든 어린이들이 별이 그려진 문제를 풀었을 때, 유지가 말했습니다. "이제 너희들은 이러한 종류의 문제들을 해결한 경험을 가진 거야. 너희들에게 4×4인 체스판을 어떻게 접는가를 보여줄게."

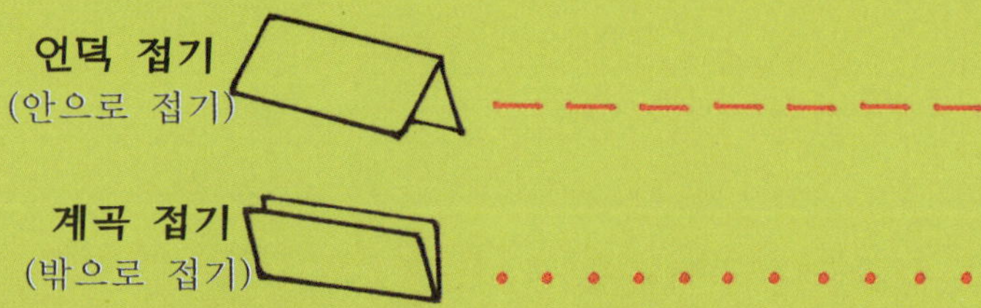

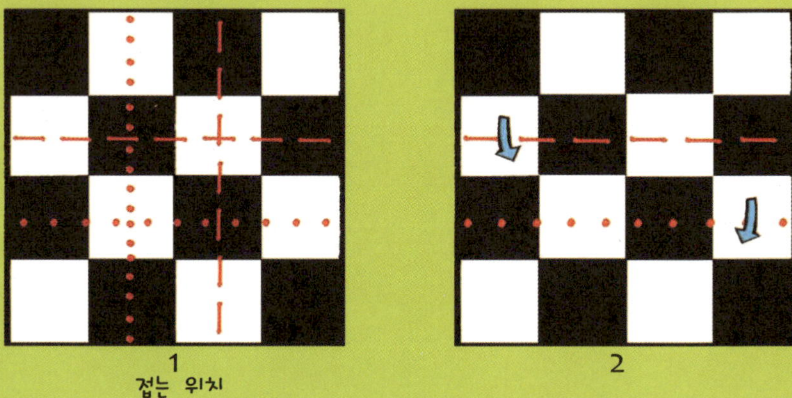

유지 형은 각 단계를 천천히 설명하면서 진행하였습니다. 종이 접기를 끝낸 다음, 단 한 번의 절단으로 검은 정사각형들을 잘라 냈습니다.

"더 큰 체스판에서도 이러한 문제를 풀 수 있나요?" 자이가 물었습니다.

"각 변에 있는 정사각형의 개수가 짝수일 때만 가능해." 유지 형이 대답했습니다. "만약 홀수이면, 문제풀이 방법을 약간 수정해야 하거든."

3 4

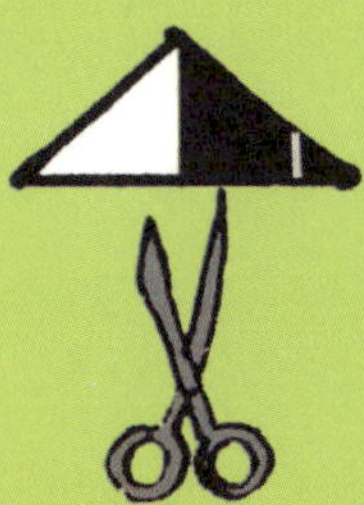

6

중앙의 약간 오른쪽으로 선을 따라 자른다.

7

"정말 마술같아요!" 키노가 말했습니다.

자이는 머릿속 메모장에 '각 변에 세 개의 정사각형을 가진 체스판에 대해 시도하기'라고 적었습니다.

그들은 유지 형에게 고마웠고, 감사의 말을 전했습니다.

사면체의 조각그림 맞추기

이치로, 키노, 자이는 어떤 방에서 나오는 소음을 들었습니다. 그 방에서 그들은 첫 번째 도우미였던 케이코 누나를 발견했습니다.

“너희들은 운이 좋구나.” 그녀가 말했습니다. “야마키 교수님이 지금 여기를 방문하셨어. 그는 수학 나라에 있는 다양한 모형들을 수집한 분들 중의 한 명이지. 너희들은 이 방에서 야마키 교수님의 설명을 들을 수 있을 거야.”

그들은 많은 어린이들 사이를 지나 앞쪽에 앉았습니다. 모든 사람의 주의가 한 남자에게 집중되었습니다. 그는 머리카락이 희끗희끗 했고, 턱수염이 있으며 안경과 화려한 머리띠를 하고 있었습니다.

그는 친숙한 이미지였습니다. 그리고 아이들에 둘러싸여 재미있는 이야기를 하고 있었지요.

“나는 오늘 여러분에게 많은 것을 보여주려고 합니다.” 그가 말했습니다.

“교수님 얼굴이 낯설지가 않아.” 이치로가 친구들에게 웃으며 말했습니다. “전에 교수님을 본 적이 있는 것 같은데, 어딘지는 기억이 나지 않아.”

“여러분은 에셔(Escher)를 알고 있나요?” 교수님이 물었습니다.

대부분의 아이들은 고개를 갸우뚱 하였지만, 이치로는 고개를 끄덕였습니다. 그가 손을 들고 말했지요.

“그는 유명한 예술가입니다.”

“어떻게 알았어?” 키노가 살짝 물었습니다.

“엄마가 그의 작품을 나에게 보여 주신 적이 있어.” 이치로가 대답했습니다. 이치로는 에셔의 에칭에서 형태들이 어우러져 변형되는 방식에 흠뻑 매료되어 있었습니다.

“맞아요.” 야마키 교수님이 말씀하셨습니다.

그는 에셔의 작품 몇 개를 보여주었습니다.

"이 작품들에서는 형태들이 무한 반복되며 평면 전체를 덮고 있습니다. 이때 어떤 빈틈도, 어떤 겹침도 없다는 것에 주목합시다" 그가 말을 이어갔습니다.

"평면을 덮는 반복되는 이러한 패턴을 '타일링'이라고 부릅니다" 그가 말했습니다[4].

4 엄밀하게 말하면, 타일링에서는 패턴의 거울상(거울에 비치는 이미지)을 사용하지 않지만, 에셔의 타일링에서는 가끔 사용된다.

M.C. Escher's "System X[E]" © 2008 The M.C. Escher Company-Holland. All rights reserved. www.mcescher.com.

"이것은 모든 조각이 같은 형태인 조각그림 맞추기 퍼즐과 비슷해요." 자이가 말했습니다.

"훌륭한 관찰입니다." 야마키 교수님이 말씀하셨습니다.

“오늘 여러분 모두를 에셔와 같은 예술가로 바꾸어 놓을 것입니다.” 그가 자신있게 선언했습니다.

그는 종이로 된 입체 모형을 집어 들었습니다. “이 입체 모형을 보세요. 이것은 네 면을 가지고 있는데, 모든 면은 같은 크기의 정삼각형입니다. 이것을 정사면체라고 부릅니다.”

교수님의 뒤에 있는 테이블에는 많은 사면체들이 놓여 있습니다. 잠시 후 도우미들은 어린이들에게 사면체, 칼, 가위, 커다란 종이, 풀을 나누어 주었습니다.

소년들은 선명한 색들로 칠해진 사면체를 가지고 있습니다. 그들은 삼각형을 확인하면서 사면체를 돌렸습니다.

“여러분, 사면체의 표면을 섬세하게 자르세요. 이때 사면체는 한 줄의 조각으로 잘려져야 하며, 여러분은 이 조각을 테이블 위에 평평하게 펼쳐야 합니다.” 야마키 교수님이 이야기했습니다.

“과연 그렇게 할 수 있나요?” 키노가 물었습니다.

야마키 교수님은 이를 보여주기 위해 사면체를 잘랐습니다. "여기서 중요한 것은 사면체의 각 꼭짓점을 지나도록 사면체를 한 줄의 조각으로 자르는 것입니다."

"여러분의 사면체는 몇 개의 층을 가지며, 이들 각각은 자신의 색을 가지게 되지요." 그가 말을 이어갔습니다.

자르기가 끝나자 그는 조각들을 테이블 위에 늘어놓았습니다. 그리고 어떻게 이들을 그림맞추기 퍼즐처럼 서로 맞추는지를 보여주었습니다.

"여러분이 원하는 대로 자르세요. 이때 한 조각이 얻어지며 이것을 바닥에 평평하게 놓을 수 있어야 한다는 것을 명심하세요." 야마키 교수님이 다시 한번 말씀하셨습니다. "그런 다음 종이 위에 여러분이 얻은 조각들을 붙이세요."

자이의 달팽이

키노의 요트

아이들은 열심히 작업에 몰두하였습니다. 이치로는 로봇 디자인을 만들고 싶었습니다. 자이는 둘둘 말린 무언가를 시도하였습니다. 키노는 평이한 자르기에 만족했습니다.

이치로의 로봇

야마키 교수님은 아이들 사이를 돌아다니며 훌륭한 몇몇 작품들을 보여주었습니다. 아이들이 이치로의 로봇들을 보자 박수를 쳤습니다.

“이것은 나의 새로운 발견 중의 하나입니다.” 교수님이 말씀하셨습니다. “사면체의 표면을 여러분이 어떻게 자르든 관계없이, 만약 한 조각으로 잘라 이것을 평평하게 펼쳐 놓으면, 이 패턴은 평면을 덮게 되지요.”

“이것은 원하는 모든 종류의 디자인을 만들 수 있다는 것을 의미합니다.” 이치로가 말했습니다.

“우선 사면체를 만들어야 합니다” 키노가 말했습니다.

자이는 집에 가서 어떤 디자인들을 만들까 생각했습니다.

다면체들을 이용하여 공간 채우기

어린이들은 교수님을 따라 다른 방으로 갔습니다. 그곳에는 나무로 된 다양한 블록들이 바닥에 있었습니다. 이미 몇몇 아이들은 3차원 퍼즐 맞추기를 하듯이 블록들을 맞추고 있습니다.

“다른 방에서 여러분에게 평면 채우기를 보여주었습니다. 평면을 채우는 것과 마찬가지로, 공간을 채울 수도 있지요.” 야마키 교수님이 말씀하셨습니다.

“저쪽에 있는 어린이들을 보세요. 그들이 하고 있는 것이 바로 그것입니다.”

그는 한 무리의 어린이들에게 다가가서, 나무로 된 블록 하나를 집어 들었습니다.

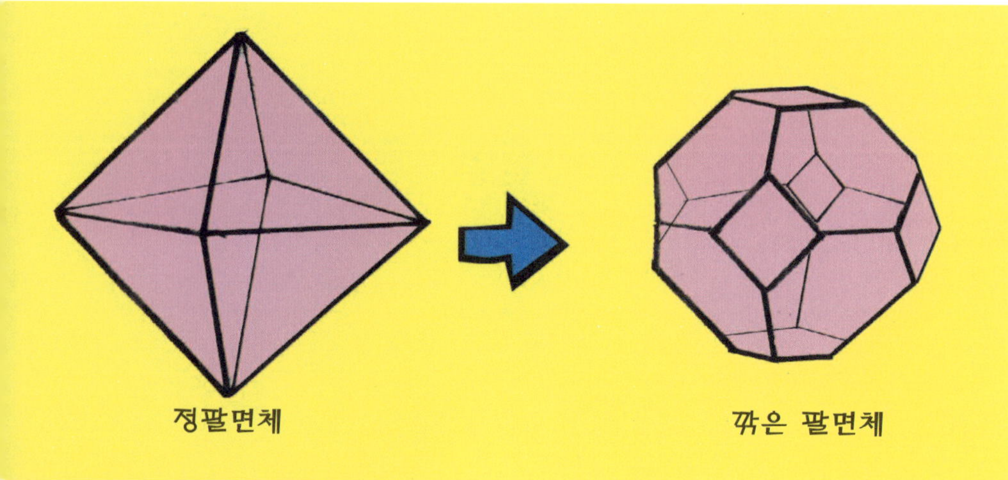

“이것은 깎은 팔면체입니다. 이것은 8개의 정육각형과 6개의 정사각형으로 된 14개의 면을 가지고 있습니다.” 그가 말했습니다. “이것은 정팔면체로부터 6개의 꼭짓점을 잘라내 만들어질 수 있습니다.”

그는 정팔면체를 보여주면서 꼭짓점들을 자르는 듯한 동작을 취했습니다.

“깎은 팔면체는 공간을 채웁니다. 이것은 깎은 팔면체들만을 이용하여 빈틈이나 겹침 없이 공간을 채울 수 있다는 것을 의미하지요.”

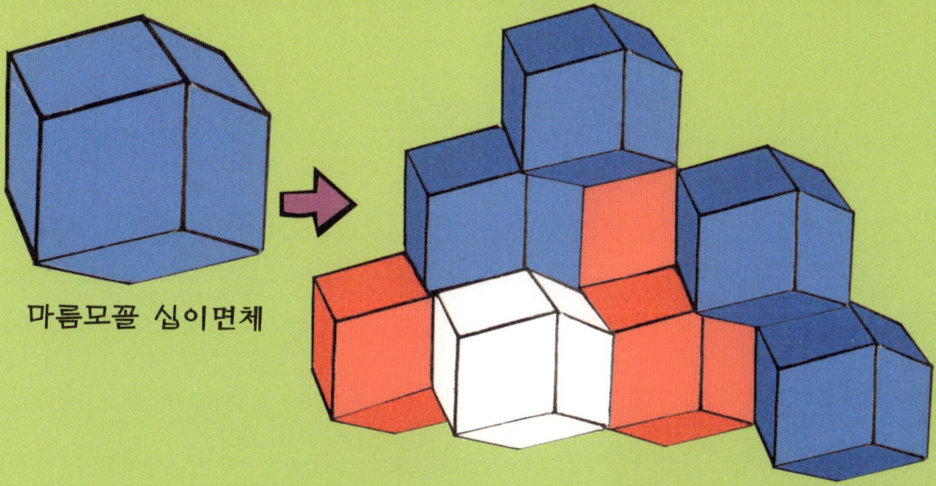

그는 다른 종류의 입체를 집어 들었습니다.

"이것은 마름모꼴 십이면체입니다. 마름모인 12개의 면을 가지고 있지요. 이것도 공간을 채웁니다. 공간을 채울 수 있는 많은 입체들이 있습니다."

그는 다른 입체들로 다가갔습니다. "이들은 매우 특별한 성질들을 가지고 있습니다. 이들은 공간을 채울 뿐만 아니라, 이들의 표면을 잘라서 평평하게 펼쳐놓아 평면을 덮을 수 있지요. 이들을 '이중기능 입체'라고 부르도록 합시다."

"좋은 이름이네요. 쉽게 기억할 것 같아요." 이치로가 말했습니다. "두 가지 일을 하기 때문에, 즉 공간을 채우며 표면을 잘라 평면을 덮을 수 있어서 이중기능이라고 하는군요"

"그러면 공간을 채우는 것만 가능한 입체들을 단일기능 입체라고 불러야 하겠네요." 키노가 말했습니다.

"그렇게 하도록 합시다." 그들의 말을 듣고, 교수님 대답하셨습니다. "이제 공간을 채우지만 펼쳤을 때 평면을 채우지 못하는 입체를 '단일기능 입체'라고 부르도록 합시다."

"이중기능 입체 중 하나가 우유나 주스를 담는데 사용되는 테트라팩과 아주 비슷합니다. 이것은 옆면이 이등변삼각형들이며 모서리들의 비가 $2 : \sqrt{3} : \sqrt{3}$ 인 사면체입니다"

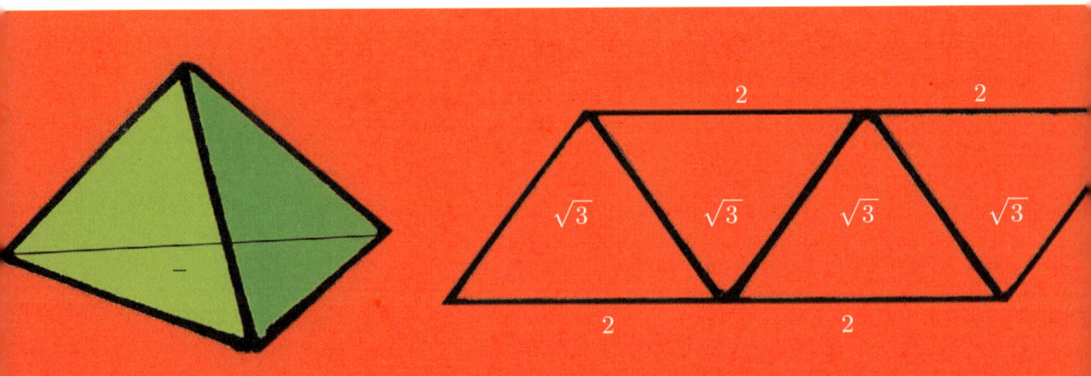

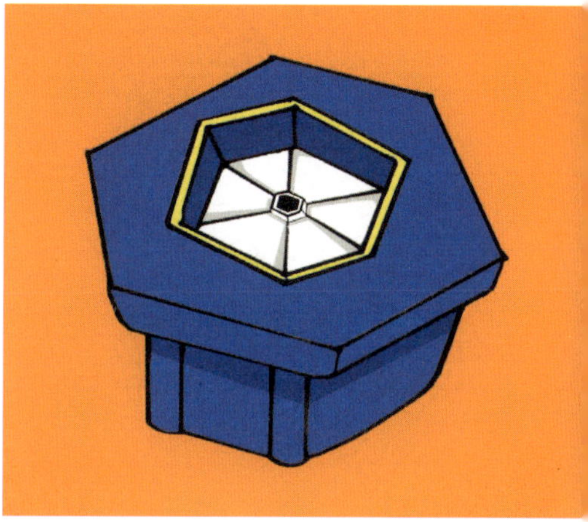

“여러분이 보는 것처럼, 이들을 쌓아 정삼각기둥을 만들 수 있습니다. 그리고 이 기둥들을 조합하여 정육각기둥을 만들 수도 있지요. 실제로 이러한 방법으로 테트라팩들을 운반합니다.”

그는 종이로 된 테트라팩의 표면을 잘라서 평평하게 펼쳐놓았습니다.

"분명히 이것으로 평면을 덮을 수 있습니다." 그는 잘린 표면을 가리켰습니다.

"물론 정육면체는 이중기능 입체입니다. 만약 정육면체의 표면을 모서리를 따라서만 자른다면, 이때 얻을 수 있는 모든 평면도형으로 평면을 덮을 수 있습니다."

그는 어린이들을 타일링을 보여주는 포스터로 안내했습니다.

정육면체의 모서리-전개도를 이용한 평면 타일링

다면체의 모서리-전개도는 다면체의 표면을 어떤 모서리들을 따라 잘라 얻어지는 연결된 평면 도형이다.

정육면체의 모든 가능한 모서리-전개도

정육면체의 모서리-전개도를 이용한 평면 타일링

교수님은 나무로 된 다른 모형을 집어 들었습니다.

"무한히 많은 이중기능 입체들이 있지만, 알려진 것들 중 이 십이면체가 가장 많은 면을 가진 것입니다. 이것은 정육면체의 마주보는 면에 정사각뿔을 붙여 놓은 것처럼 생겼습니다."

그는 다시 십이면체의 종이 모형을 잘라, 평평하게 펼쳐 놓고, 이것이 평면을 덮는다는 것을 보여 주었습니다.

"제가 아직 발견되지 않은 이중기능 입체를 찾을 수 있을 것 같아요." 자이가 곰곰이 생각하며 말했습니다.

교수님이 아이들과 이야기를 나누며 방을 돌아다니는 동안, 이치로, 키노, 자이는 방에 전시된 단일기능 입체들과 이중기능 입체들을 살펴보았습니다.

테이블 위에 합동인 삐딱한 각뿔 세 개가 놓여있습니다. 이들 각각은 밑면이 정사각형이고 네 개의 삼각형 면을 가지고 있습니다. 소년들은 테이블에 적힌 다음 표지판을 보았습니다.

이 세 조각을 조합하여 정육면체를 만들 수 있다.

"한번 해 보자." 키노가 말했습니다.

그들은 정육면체를 만들기 시작했습니다.

이치로가 아이디어를 냈습니다. "밑면이 정사각형이니까, 이 밑면들은 정육면체의 면이 되어야 해."

이 아이디어를 바탕으로 그들은 정육면체를 만들 수 있었습니다.

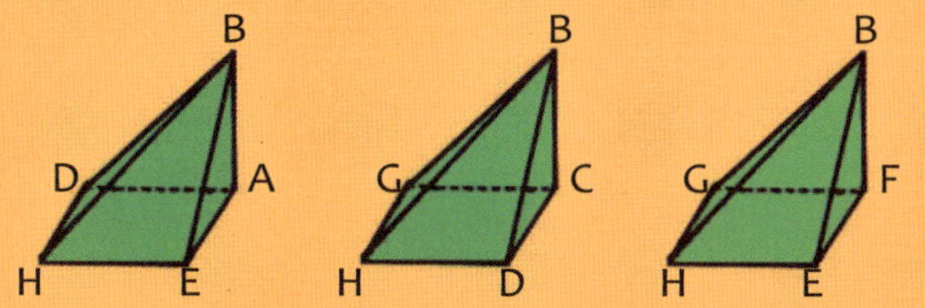

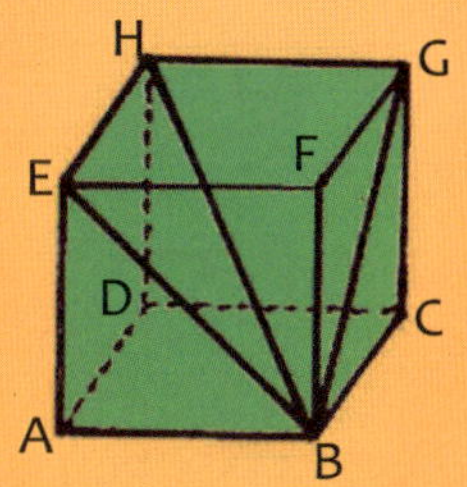

"이 합동인 입체 조각들로부터 정육면체가 만들어지므로, 이들은 단일기능 입체임에 틀림없어." 자이가 말했습니다.

"단일기능 입체가 무엇일까?" 자신을 마사오라고 소개한 도우미 형이 그들에게 물었습니다.

"그것은 공간을 채우는 도형들에 대해 우리가 고안한 명칭이예요." 키노가 대답했습니다.

"사실, 이것은 그것 이상이야." 마사오 형이 말했습니다.

"이것은 평면을 덮는 표면 절단을 가지고 있지. 너희들이 그러한 표면 절단을 찾아볼래?"

그는 그들에게 종이와 연필을 주었습니다. "다면체의 면들을 그려서, 평면을 덮는 타일을 찾아보자." 마사오 형이 그들에게 제안했습니다.

문제가 그렇게 쉽지는 않았습니다. 그들은 다양한 표면 절단을 그렸다가 지웠습니다. 결국 그들은 원하는 타일을 찾았습니다.

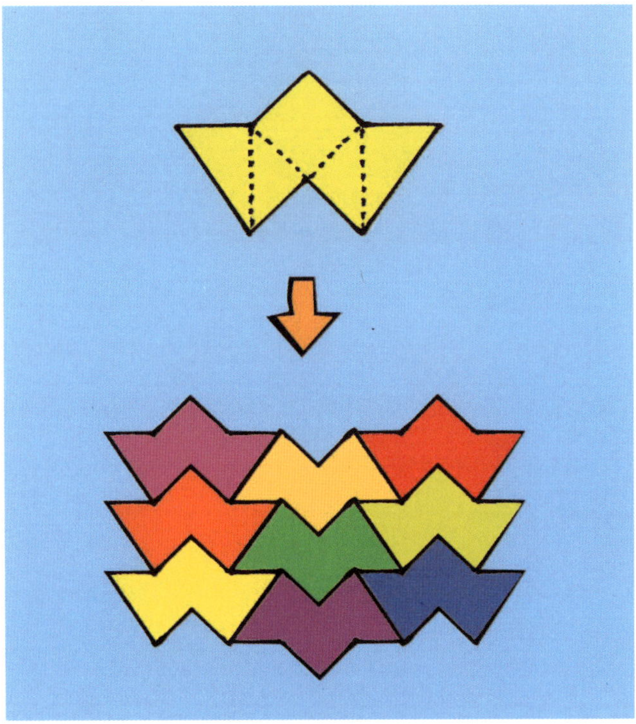

"잘 했어요" 그들이 타일을 발견하자, 마사오 형이 말했습니다.

다른 테이블 위에는 비정형적으로 생긴 많은 합동인 입체들이 놓여있습니다. 이들은 여섯 개의 면을 가지고 있으며, 각 면은 사각형입니다.

"이 입체는 매우 특별한 것입니다." 마사오 형이 말했습니다. "이들 입체의 대부분은 어떤 목공 장인이 야마키 교수님에게 보낸 것이야. 그는 TV에서 공간을 채우는 입체들에 대한 강의를 보고 만들었다고 해."

"이 입체를 무엇이라고 부르지요?" 키노가 물었습니다.

"아직 이름은 없어. 너희들이 이름을 붙여주지 않을래?" 마사오 형이 이치로, 키노, 자이에게 물었습니다.

그들은 머리를 맞대고 관련된 단어들인 '목공 장인(carpenter)', '여섯 면(six-sides)', '사각형들(quadrilaterals)', '다면체(polyhedron)'에 대해 이야기를 했습니다. 네 단어의 처음 알파벳들을 합성하여, 새로운 단어를 생각해냈습니다.

목공 장인	여섯 면	사각형들	다면체
carpenter	six-sides	quadrilaterals	polyhedron

"이것을 'C함대(c-squadron)'라고 부르기로 했어요." 그들은 마사오에게 말했습니다.

"그러면 그렇게 부르기로 하자." 마사오 형이 말했습니다.

"그러면 이것은 단일기능 입체인가요?" 이치로가 물었습니다.

"맞아, 이것은 공간을 채우지." 마사오 형이 대답했습니다.

마사오 형은 c-squadron들을 조립하여 만든 입체들을 보여주었습니다. "봐라. 너희들은 이것들을 이용하여 공간을 채우는 다른 것들을 만들 수 있어."

그들은 테트라팩, 깎은 팔면체, 마름모꼴 십이면체를 보았습니다.

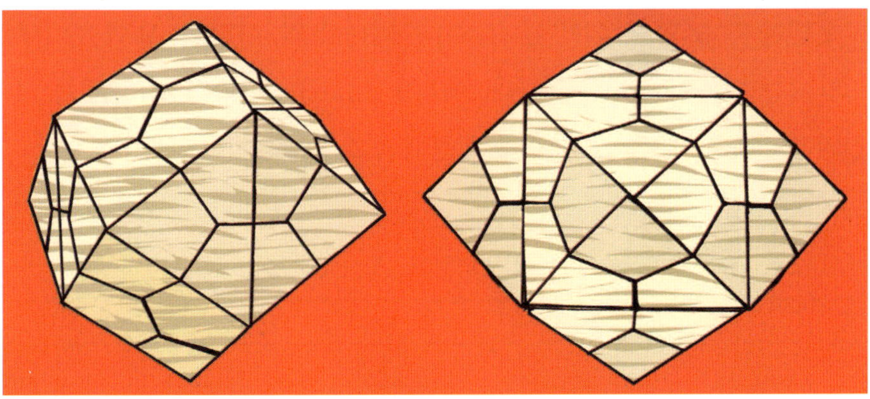

"네 개의 C함대를 이용하여 테트라팩을 조립할 수 있지. 그리고 24개의 C함대, 96개의 C함대를 이용하여 각각 깎은 팔면체, 사다리꼴 십이면체를 조립할 수 있어." 마사오 형이 말했습니다.

소년들은 모형들을 만들기 위해 얼마간의 시간을 보냈습니다.

자이는 혼자 생각했습니다. '내가 새로운 이중기능 입체를 발견하면, 나는 그것을 자이-다면체라고 불러야지.'

가역적 입체들

OPEN!
OPEN!

야마키 교수님은 다른 테이블로 이동했습니다. 거기에는 'open' 이라는 단어가 적힌 삼각기둥이 있었습니다.

그는 테이블에서 두 개의 똑같은 입체를 들었습니다.
“이들은 깎은 팔면체입니다.” 그가 말했습니다.
그리고 플라스틱 박스를 보여주었습니다.

“나는 두 개의 깎은 팔면체를 박스 안에 넣으려고 합니다.”

대부분의 어린이는 깎은 팔면체와 박스의 크기를 비교했을 때, 이것이 불가능하다고 생각했습니다. 그리고 야마키 교수님의 첫 번째 시도는 실패로 끝났지요.

재빨리 몇몇 동작을 취한 후에, 야마키 교수님은 입체들을 똑같은 두 개의 블록으로 변형시켜 박스 안으로 넣었습니다.

세 소년은 깜짝 놀라 박수를 쳤습니다.

"문제를 풀기 위해 여러분은 가끔씩 자신의 사고 방식을 바꾸어야 하지요." 교수님이 말씀하셨습니다.

자이는 머릿속 메모장에 '문제를 바라보는 많은 다양한 방식이 있다'고 적었습니다.

그런 다음에 교수님은 여우처럼 색칠된 입체를 집어 들었습니다.

“이 입체는 사다리꼴 십이면체입니다. 그러나 지금은 이것을 여우라고 생각합시다.” 교수님이 말했습니다.

교수님이 줄을 당기자, 입체의 안쪽에서 뱀처럼 생긴 직사각형 모양의 입체가 나타났습니다.

"뱀이 여우를 먹었습니다!" 교수님은 장난기 가득한 목소리로 말했습니다.

"와~" 어린이들은 함께 탄성을 질렀습니다.

교수님은 방금 전의 트릭을 천천히 한 단계 한 단계씩 보여주었습니다. 그리고 소년들은 무슨 일이 발생했었는지 관찰할 수 있었습니다.

“어떤 입체는 특별한 방법으로 절단될 수 있으며, 이 입체를 뒤집어서 다른 입체를 만들 수 있습니다. 이러한 입체들을 ‘가역적 입체’라고 부릅니다. 가끔, 이러한 다면체들을 절단하여, 이들과 합동인 입체들로 바꿀 수 있답니다.”

교수님은 다른 입체를 보여주었습니다. 거기에는 녹색 카멜레온이 그려져 있었습니다.

“이것은 다른 깎은 팔면체입니다.” 교수님이 말했습니다.

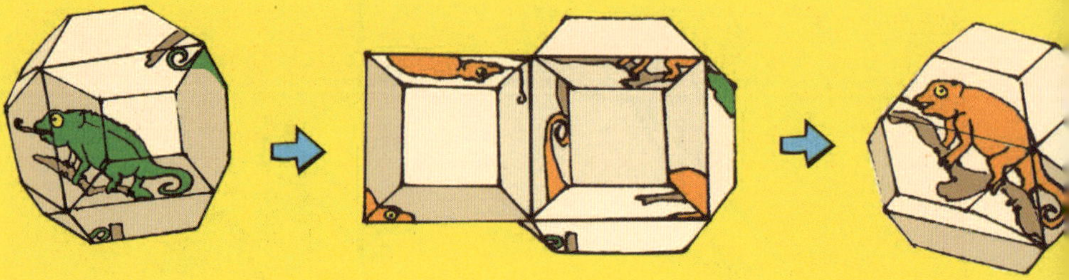

교수님은 이것을 뒤집어서 다른 깎은 팔면체로 바꾸었는데, 여기에는 오렌지 색의 카멜레온이 그려져 있었습니다.

“이것은 어떤 입체를 뒤집어서 합동인 입체로 바꾸는 한 가지 예입니다. 나는 이 가역적 입체들을 ‘카멜레온’이라고 부릅니다.” 교수님이 계속 말했습니다.

자이는 무언가를 관찰했습니다. “그러면 같은 두 입체를 뒤집어 서로 다른 두 입체를 얻을 수 있나요?” 그는 야마키 교수님에게 질문했습니다.

“매우 좋은 질문입니다.” 교수님이 말씀하셨습니다. “우리는 첫 번째 깎은 팔면체를 직사각형 모양의 입체로 변형시켰고, 두 번째 깎은 팔면체인 카멜레온을 깎은 팔면체로 바꾸었습니다. 다른 방법으로 자르면, 어떤 입체들을 다른 입체들로 변형시킬 수 있지요.”

“나는 다른 입체들로 변형될 수 있는 많은 입체들을 만들었습니다. 이 방에 그러한 입체들이 전시되어 있습니다.”

교수님은 돼지처럼 색칠이 된 입체를 집어 들었습니다. 자이는 이 입체가 깎은 팔면체라는 것을 눈치챘습니다.

돼지에 긴 막대가 붙어있습니다. 막대를 비틀면서, 야마키 교수님은 돼지를 뒤집었습니다. 그러자 돼지는 햄 조각으로 바뀌었습니다. 모든 아이들이 크게 웃었습니다.

OPEN!
OPEN!
OPEN!

교수님은 'open'이라고 적힌 삼각기둥을 집어 들고, 이것을 'closed'라고 적힌 합동인 삼각기둥으로 변형시켰습니다. 그리고 이것으로 교수님의 시범은 끝이 났습니다.

이치로, 자이, 키노는 즐거웠고, 놀라웠고, 들떠 있습니다. 그들은 엄청난 수학적 경험을 즐겼지요. 그들은 야마키 교수님의 사인을 받기 위해 기다리는 다른 어린이들과 만나서 야마키 교수님과 사진을 찍었습니다.

집으로

신기하고 놀라운 수학나라에서의 하루가 막 저물어 가고 있습니다. 소년들은 가능한 오랫동안 머물고 싶었습니다. 그들은 자신의 스케이트를 교환하러 카운터로 갔습니다. 그들은 집에서 풀 문제들, 종이 모형, 인쇄물을 가지고 있었지요.

나오는 길에 그들은 TV 스크린들을 모아놓은 것을 보았습니다. 스크린에는 야마키 교수님이 있었고, 그는 다양한 무언가를 보여주고 있었습니다.

"야마키 교수님이 친숙하게 보인 이유가 바로 이것이구나." 이치로가 말했습니다. "나는 교수님을 TV에서 본 적이 있어."

그들은 케이코 누나를 다시 만났습니다. 그녀는 그들에게 노트를 보여주었습니다. "이것은 방문객들이 자신들의 느낌을 적어 놓은 노트야. 너희들도 적어 볼래?"

그들은 차례대로 자신의 생각을 적었습니다.

나는 전에는 수학을 좋아하지 않았지만, 이제는 수학을 좋아할 것 같은 생각이 듭니다. 정사각형 구멍을 만드는 기계는 대단했어요. 그리고 GCD와 LCM을 계산하는 기계도 훌륭했고요.

이치로

수학은 재미있어요! 그러나 여기 오기 전까지는 이것을 몰랐습니다. 나는 미끄럼틀이 가장 좋았어요. 스케이트는 어디서 구입할 수 있나요?

키노

놀랍고 도전할만해요! 오늘처럼 치열하게 무언가를 생각해 본 적이 없었고, 지금도 이것을 즐기고 있지요. 나는 내가 수학자가 될 수 있을지를 생각해 보고 있답니다.

자이

P.S. 우리는 수학나라 전부를 모두 보지 못했어요.
꼭 다시 오겠습니다.

이치로, 키노, 자이는 매우 피곤했습니다. 그들은 집으로 가는 버스 안에서 조용히 쉬었지요. 소년들은 각자 자신의 생각에 푹 잠겨 있습니다.

이치로는 할머니의 생각이 맞았다는 것을 알았습니다. 놀라운 수학나라는 매우 재미있었습니다. 수학은 재미있을 수 있습니다. 서로 꼬인 하트는 할머니를 위한 선물이고 '에셔'는 엄마를 위한 선물입니다. 아마 엄마는 에셔 그림을 방에 걸어놓을 것입니다.

키노는 자신이 경험했던 재미있는 것들을 다시 살펴보고 있습니다. 그는 이 여행에 대해서 켄타로에게 무슨 말을 해 줄까를 생각하고 있습니다.

자이는 자신의 모든 머릿속 메모를 회상하며, 집에서 하려고 하는 수학 실험들을 떠올리고 있습니다.

감사의 글

Joseph O'Rourke는 미국의 한 과학박물관에 정사각형 바퀴를 가진 자전거가 있다는 것을 알려주었고, Stan Wagon이 이 사실을 확인해 주었다.

우리는 일본에서 2000년에 개최된 이산수학과 계산 기하학에 관한 학술대회에서 Erik D. Demaine의 '연결, 종이와 다면체의 접기와 펴기'라는 강의에서 접기와 자르기 문제에 대해 처음으로 배우게 되었다. 그는 고맙게도 Jin Akiyama의 TV 강좌에서 그의 접기 패턴들을 사용할 수 있도록 허락해 주었다.

Sebastian von Wuthenau Mayer와 Claudia Masferrer Leon은 이 책에 묘사된 스케이트의 바퀴와 바퀴 축의 메커니즘을 발명했다. 이 바퀴들은 일정한 폭을 가지고 있으며, 바퀴 축은 바퀴가 회전하는 정사각형인 틀에 의해 둘러싸인 뢸로 삼각형이다.

Yasuyuki Yamaguchi와 Minoru Kanzaki는 놀라운 수학나라에 있는 대부분의 모형들을 제작하였다.

삼각형 구멍과 오각형 구멍의 모형들은 Yoshiyuki Kawazoe와 Ikuro Sato가 제공해 주었다.

I. Sato와 H. Nakagawa는 이 책에서 c-squadron이라고 부른 공간 채우기 입체들을 제공해 주었다.

M.C. Escher Company-Holland는 이 책에서 Escher의 작품들을 사용할 수 있도록 허락해 주었다.

주석(Explanatory notes)

Hyatt Co.는 미국에서 1921년에 정사각형 구멍을 만드는 드릴에 대한 특허를 획득했다. 이 드릴은 고정된 칼날과 회전하는 틀을 가지고 있으며, 무게가 200Kg에 달했다. 놀라운 수학나라에 있는 드릴은 회전하는 칼날, 유연한 축, 고정된 틀을 가지고 있으며, 휴대할 수 있다.

1889년에 Francis Galton은 정규분포를 보여주는 Galton quincunx라 불리는 판을 고안했다. 이 책의 6장에 있는 파친코 장치의 윗부분은 Galton의 판을 가져다 사용하였으며, 아래쪽의 요람은 정규분포 장치를 쉽게 기울이도록 하며, 다시 공들이 그들의 칸으로 돌아가기 쉽도록 덧붙여졌다.

REFERENCES

General

Mathematical Art Catalog, Research Institute of Educational Development, Tokai University, 1999

Mathematical Art in ICME 9 Catalog, Research Institute of Educational Development, Tokai University and Chiba Convention Bureau, 2000

Chapter 2

J. Akiyama, *A Book of Mathematical Problems for Someone Special* (in Japanese), Gentosha, Tokyo, 1999

C. Gardner, *Unexpected Hanging and Other Mathematical Diversions*, Simon and Schuster, Inc., New York, 1974

P. Rexford, "Sunk Ships Sail Again in Coins," *The Washington Times*, Sept. 6, 2006

S. von Wuthenau Mayer and C. Masferrer Leon, private communication

http://www.cut-the-knot.org/do_you_know/cwidth.shtml

http://www.engin.swarthmore.edu/~nlaport1/wankel.html

Chapter 3

W. Dunham, *Journey Through Genius*, Penguin Books, New York, 1990

D. H. Shin and S. Singh, Path Generation for Robot Vehicles Using Composite Clothoid Segment, tech report CMU-RI-TR-90-31, Robotics, Carnegie Mellon University, 1990

S. Wagon, *Mathematica in Action*, W. H. Freeman and Company, New York, 1991

D. Wells, *The Penguin Dictionary of Curious and Interesting Geometry*, Penguin Books, London, 1991

http://cage.rug.ac.be/~hs/wheels.html

http://ffden2.phys.uaf.edu/211_fall2002.web.dir/Shawna_Sastomoinen/Clothoid_Loop.htm

http://ffden2.phys.uaf.edu/211_fall2002.web. dir/Shawna_Sastomoinen/Roller_Coasters.htm

http://knuttz.net/hosted_pages/Eejanaika-Roller-Coaster

http://mathworld.wolfram.com/Tautochrone_Problem.html

http://mathworld.wolfram.com/Cycloid.html

http://www.2dcurers.com/spiral/spirale.html

http://www.phy6.org/stargaze/Sclothoid.htm

http://www.teachingtools.com/GoFigure/FlyerCarpets.htm

http://xahlee.org/SpecialPlaneCurves_dir/Epitrochoid_dir/ epitrochoid.html

Math Trek: Riding on Square Wheels by I. Peterson in http://www.sciencenews.org/20040403/mathtrek.asp

Chapter 4

J. Akiyama et al., *Models and Experiments for Junior High School and High School Students* (in Japanese), Suken, Tokyo, 1999

C. B. Boyer, *A History of Mathematics*, John Wiley & Sons, Inc., New York, 1968

I. Moscovich, *Leonardo's Minor and Other Puzzles,* Sterling Publishing Co., Inc., N.Y. 2004

How Did Pythagoras Do It? by E. von Glaserfield in http://www.univie.ac.at/constructivism/EvG/

Chapter 5

http://www.us.es/ewcg04/cosmoakiyama.pdf

Chapter 6

J. Akiyama and N. Torigoe, Teaching probability distributions with a cradle pinball device, Proc. 8th Southeast Asian Conf. on Math. Ed., Ateneo de Manila University,1999, 69-76

http://www.subtangent.com/maths/ig-quincunx.php

Chapter 9

G. David and C. Tomei, The problem of the calissons, *American Math. Monthly*, 96, 5(1989) 429-431

Chapter 10

C. Clawson, *Mathematical Sorcery,* Plenum Trade, New York, 1999

R. Cooke, *The History of Mathematics*, John Wiley & Sons, Inc., New York, 1997

S.A. Garfunkel et al., For All Practical Purposes: Introduction to Contemporary Mathematics (4th ed.), W. H. Freeman and Company, New York, 1997

D. Hilbert and S. Cohn-Vossen, *Auschailiche Geometrie*, Verlag von Julius Springer, Berlin, 1932

M. Sobel and N. Lerner, *Algebra and Trigonometry* (5th ed.), Prentice-Hall, Englewood Cliffs, N.J., 1995

http://www.us.es/ecwg04/cosmoakiyama.pdf

Chapter 11

M. Gardner, *Are Universes Thicker than Blackberries?*, W.W. Norton and Company, New York, 2003

K. Tsubota, Pleasant Math, *Hands on Math* (in Japanese), Kyoiku Publishing Co. Ltd., Tokyo, 2004

Chapter 12

E. Demaine and M.Demaine, Fold and Cut Magic in *Tribute to a Mathemagician*, B. Cipra, et al. (eds.), A.K. Peters Limited, Wellesley, MA., 2005

E. Demaine, Folding and unfolding linkages, paper, polyhedra, *Discrete and Comput. Geom.*, LCNS 2098, J. Akiyama, M. Kano and M. Urabe (eds.), Springer-Verlag (2001), 1-30

Chapter 13

J. Akiyama, Tilemakers and semi-tilemakers, *American Math. Monthly*, 114 (2007), 602-609

J. Akiyama, You Can Be an Artist like Escher: Art from Tilings of Plane, Research Institute of Educational Development, Tokai University, Tokyo, 2006

D. Schattschneider, *M.C. Escher: Visions of Symmetry,* W.H.Freeman and Company, New York, 1990

Chapter 14

J. Akiyama and G. Nakamura, A lesson on double-packable solids, *Teaching Mathematics and its Applications*, 18 No.1, Oxford University Press (1999) 30 - 33

I. Sato and H. Nakagawa, *Wooden Polyhedra* (in Japanese), NPO Center for Collaborative Interdisciplinary Sciences, Sendai, 2006

Chapter 15

J. Akiyama and G. Nakamura, Dudeney dissections of polygons and polyhedrons, a survey, *Discrete and Comput. Geom.*, LCNS 2098, J.Akiyama, M.Kano and M. Urabe (eds.), Springer-Verlag (2001) 1 - 30

옮긴이 소개

한인기(Han Inki)

한국교원대학교 수학교육과를 졸업하여 모스크바 국립사범대학교 수학과에서 교육학박사(Ph.D.)를 취득하였고, 현재 경상대학교 수학교육과 교수로 재직중이다. 주요 저서 및 역서로는 수학교육학신서(공저), 수와 다항식과 도형에 대한 이야기(공역서), 수학에 흠뻑 빠질 수 있을까, 뇌를 자극하는 수학공부(공저), 문제해결의 이론과 실제(공저), 유추를 통한 수학탐구(공저), 수학교육학의 기초와 실제, 대수 · 기초해석 · 조합의 탐구문제들(상, 하), 평면기하학의 탐구문제들(1권, 2권), 교사를 위한 수학사 등이 있다.

지은이 소개

Jin Akiyama

Jin Akiyama는 일본의 토쿄에 있는 Tokai 대학교의 수학과 교수이며, 교육발달연구소의 소장이다. 그의 수학 강의 시리즈가 1991년부터 NHK의 교육방송을 통해 방영되어 왔다. 놀라운 수학나라는 그의 작품이며, 수학나라에 있는 수학모형들은 그의 TV 강의 시리즈에서 사용되었다. 그는 이산기하학, 그래프 이론, 수학교육에 관련된 저술들이 있다.

Mari-Jo Ruiz

Mari-Jo Ruiz는 필리핀의 Ateneo de Manila 대학교의 수학과 교수이며 이사이다. 그녀는 남동아시아 수학회(SEAMS)의 회장이었으며, 남동아시아 8개국의 수학회 연합의 회장이었다. 그녀의 학문적 관심 영역은 그래프 이론, 연산연구(operations research)이다. 그녀는 우수한 교수법으로 여러 종류의 상을 받았다.

놀라운 수학나라 대탐험
A Day's Adventure in Math Wonderland

초판 발행 | 2012년 7월 12일

지 은 이 Jin Akiyama, Mari-Jo Ruiz
그 림 Frances Alcaraz
옮 긴 이 한 인 기
펴 낸 이 오 판 근
펴 낸 곳 교 우 사

주 소 서울시 동대문구 제기동 148-19 교우빌딩 2층
전 화 (02) 925-2861~2
팩 스 (02) 925-2860
이 메 일 kyowoo@kyowoo.co.kr
홈페이지 www.kyowoo.co.kr
등록번호 1994.3.24 제6-0256호

ISBN 978-89-8172-921-9 63410
값 15,000원